刘树勇
邱 克 编著
尹德利

宇宙的主宰：
万有引力

Gravitation

河北出版传媒集团
河北科学技术出版社

图书在版编目（CIP）数据

宇宙的主宰：万有引力 / 刘树勇，邱克，尹德利编著 . — 石家庄：河北科学技术出版社，2012.11（2024.1 重印）

（青少年科学探索之旅）

ISBN 978-7-5375-5545-6

Ⅰ．①宇… Ⅱ．①刘… ②邱… ③尹… Ⅲ．①万有引力定律—青年读物②万有引力定律—少年读物 Ⅳ．① O314-49

中国版本图书馆 CIP 数据核字 (2012) 第 274593 号

宇宙的主宰：万有引力

刘树勇　邱　克　尹德利　编著

出版发行	河北出版传媒集团　　河北科学技术出版社	
地　址	石家庄市友谊北大街 330 号（邮编：050061）	
印　刷	文畅阁印刷有限公司	
开　本	700×1000　1/16	
印　张	12	
字　数	130000	
版　次	2013 年 1 月第 1 版	
印　次	2024 年 1 月第 4 次印刷	
定　价	36.00 元	

如发现印、装质量问题，影响阅读，请与印刷厂联系调换。

前　言

　　在晴朗的夜空下，极目仰望，一条由数不清的星星组成的、像河一样的白茫茫长带就会映入我们的眼帘，这条长带日复一日、年复一年地在天空中悬挂着。除了儿时听过的牛郎织女故事外，青少年朋友们对星星的真实情况又了解多少呢?

　　今天，人们已经知道，这条长带实际上就是我们地球所在的银河系。银河系大得实在惊人，它竟可以将上千亿颗像太阳一样大小的恒星装进去。要知道，太阳可以装下130万个地球啊! 你可以想象，银河系该有多大了吧! 然而，科学发展到今天，人们的视野又延伸到了宇宙的更深处。科学家们发现，我们的银河系不过是茫茫宇宙中一个小小的孤岛而已，像银河系这样的星系，宇宙中实在是多得不可胜数。它们像一个个上紧发条的"大钟"，有节奏地运转着，永不松懈，永不停止。

　　你也许要问，科学家们是怎样知道宇宙是如此之大的? 恒星、星系是怎么运转的呢? 支配它们运转的力量又是什么呢?

　　三四百年来，无数的科学家不畏艰辛，不畏权威，他们向着无数的宇宙之谜发起了一次又一次的冲击，他们在探索真理的征途上，建立起了一座座的灯塔，照耀着后人继续科学的征程。

　　到了20世纪初，科学将爱因斯坦推到了人类的最前沿，他几乎是单枪匹马地在夜幕中艰难地向前探索。经过持久的拼搏，爱因斯坦终于发现了一块人类从未涉足过的"新大陆"。

紧随着爱因斯坦，一大批科学家也在宇宙中不停地探索着，他们发现了许多更为新奇的现象：那可怕的黑洞、"精确"的脉冲星、神秘的时空隧道、不可捉摸的反物质、大量存在的暗物质、震撼人心的宇宙大爆炸……这样的宇宙是多么的神奇与美妙啊！在这美妙的世界中自由徜徉，该是一件多么惬意的事情啊！

不仅如此，青少年朋友们还会在书中体会到科学家们不畏艰难的探索精神、精巧美妙的科学方法、严谨周密的逻辑思维、富于创新的卓越品格和他们成功后的甜美喜悦，进而把科学融入青少年朋友们的生活，使科学变成你们的终生情趣。如果真能这样的话，我们将感到极大的欣慰了。

刘树勇

2012年10月于北

京

目 录

五 观测宇宙的射电"窗口"

六 奇异的黑洞

九 神秘的宇宙

一、宇宙的立法者

宁静的夜晚，当我们漫步户外的时候，往往会情不自禁地抬头仰望星空。满天的星斗，浩瀚无际的天空，为人们提供了巨大的想象空间。自古以来，宽广而又深邃的星空一直吸引着人类的目光。星星是什么？它们离我们有多远？宇宙有多大？星球的运动、演化、空间和时间等等所有这些问题仍是人类最为关心的问题。

● 古人眼中的宇宙

宇宙是我们的祖先最早开始关心的一个话题，他们有着丰富的想象，提出了各种各样的模型，以说明他们所观察到的现象。什么是宇宙？战国时期一位叫尸佼的人是这样说的："四方上下曰宇，往古来今曰宙。"意思是说："宇"指的是东、南、西、北、上、下六个方向的空间；"宙"则包括过去、现在和将来的时间。人类活动、天体运行、万物演化都包含在这个空间中，并随时间变化而发展。

自古以来，人们头顶着天，脚踩着地，很自然地认为宇宙是由天地两部分组成，还认为天地是有形的。古埃及人把宇宙设想成一个箱子，箱底是大地，箱盖是天。古巴比伦人认为天像圆罩，罩在大地上。

中国古人对天地的认识主要有三种说法："盖天说""浑天说"和"宣夜说"。

起源于周代的"盖天说"把天看成圆盖，大地如同四方的棋盘。后来有人发现大地并不是平面的而是拱形的，于是又提出新的盖天说，认为天像一个圆形的盖子，地像一个倒放的盆。

"浑天说"的主要代表人物是东汉科学家张衡。他认为：天地像一个鸡蛋，天如同蛋壳，形状圆圆的像一个弹

古埃及天地之神

丸，地像鸡蛋中的蛋黄，居于中间；天大地小，天包着地，就像蛋壳裹着蛋黄；天靠气支撑着，地好像浮于水上。浑天说的球形大地概念比盖天说前进了一大步，但这种天有形状、地在中心的说法并不科学。

"宣夜说"相传出自殷代，它的主要思想是：天高远无尽头，天无颜色，并非实体，只是因为天离我们太远，所以看起来好像一种有颜色的实体；日、月、行星自由移动于虚无的空间，可自由地做各种不同的运动。宣夜说抛弃了天有形的观念，认为宇宙是无限的，这种观点很早就出现在中国，实在是难能可贵的。

古希腊著名天文学家亚里士多德认为，宇宙是和谐的、完美的，几何图形中圆形、球形是最完美的，因此天体的形状也应该是球形的。他提出大地是一个球体，一部分是陆地，另一部分是水域，周围被空气包围着。他还用许多实例来证明这种观点。例如，当一个人站在海岸上看着远去的帆船，当船身已经看不见时，仍能看见船的桅杆露在水面上。这说明海洋的水面不是平

我国东汉时期的科学家张衡

面，而是弯曲的。亚里士多德还以月食现象为例指出：月食是由于地球挡住了太阳光，地球的阴影掠过月亮的表面时引起的，阴影是圆形的，所以地球本身也应该是圆形的。确立大地球形的观点是亚里士多德对天文学的重要贡献。

亚里士多德还认为地球是宇宙的中心，是静止不动的；天是有形的，由一个个透明天球层组成，日、月、五大行星分别附在各自的天球层里，这些天球层围绕地球做复杂的运动，离地球最近的是月亮，其余依次是水星、金星、太阳、火星、木星和土星。他还认为日、月、行星的运行路线应该是一种完美的正圆，运动速度均匀不变。

亚里士多德的天球层模型是古代西方第一个关于宇宙结构的理论。但在当时没有多少人相信亚里士多德的话，人们总是反问：如果地球是圆的，那么住在地球另一端的人头总是向下，他们怎么走路呢？他们怎么不掉下去呢？亚里士多德还不知道地球的引力作用，无法回答这些问题。人们在实际观测行

古希腊科学家亚里士多德

星运动时还发现，行星的亮度在它的运行周期内有明显的变化，这说明行星离地球的距离有时远有时近，不像亚里士多德说的那样行星沿正圆轨道绕地球转。众多的矛盾之处使人们难以接受亚里士多德的天球层模型。

公元2世纪，希腊天文学家托勒密，总结了希腊天文学的全部成就，创立了完整的地心宇宙体系——托勒密体系。托勒密假设地球在宇宙的中心，继承了亚里士多德的观点。他还假设日、月、行星沿一定的轨道围绕地球运动。

托勒密的理论符合人们的直观感觉，所以人们很快地接受了它。另外，欧洲的天主教会抓住托勒密模型中地球是宇宙的中心这一点，为教会神权服务。他们宣扬地球是上帝安排作为宇宙的中心，天球最高的地方是天堂，服从上帝的人，死后可入天堂，获得永生；地球里面是地狱，触犯上帝的人，死后下地狱。教会想以此控制人们的意志，因此，把托勒密地心说捧到了统治的地位，在天文学界流行了1000多年。

● 谁是宇宙的中心

1473年，哥白尼出生在波兰的一个商人家庭，他幼年丧父，舅父使他从小受到良好的教育。哥白尼上大学时就对天文学产生了浓厚的兴趣，毕业后又被送往文艺复兴的发源地意大利留学。他在那里有机会直接阅读大量的古希腊哲学著作，其中有关太阳中心说的原始思想给哥白尼留下了深刻印象，为他以后创立新宇宙体系奠定了思想基础。

1506年，哥白尼回到了波兰，他在舅父的身边工作。舅父去世后，他便移居佛洛恩堡大教堂，正式履行他的牧师职责。然而，最吸引他的还是满天的繁星，为此他在教堂的箭楼上设置了一个小小的天文台，其中大部分仪器是他亲手设计制造的。尽管条件很差，仪器简陋，但哥白尼不畏困难，持之以恒，他在那里坚持天文观测长达30年。哥白尼在临终前出版了一本不朽的科学巨著《天体运行论》，他的太阳中心说震动了整个社会，在天文学领域掀起了一场深刻

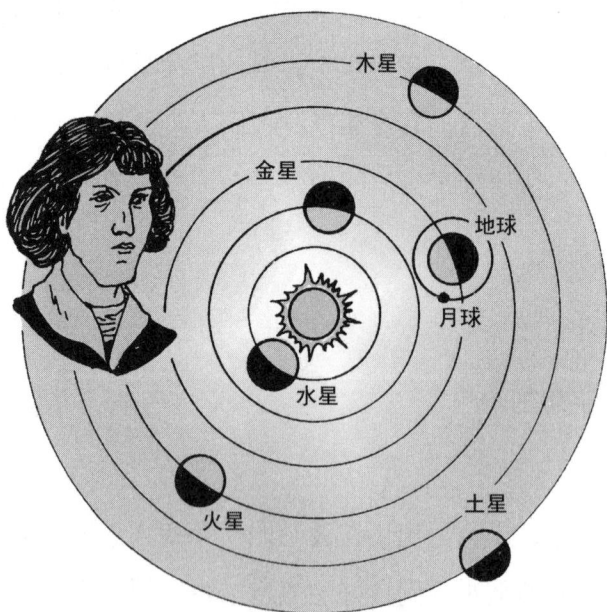

哥白尼的"日心说"

的革命。

哥白尼认为：太阳是宇宙的中心，地球只是一颗绕太阳运动的行星；所有行星层层围绕太阳运行，距离太阳越远，绕转一周的时间就越长，也就是说，运动周期越长。最靠近太阳的是水星，它的运动周期是88天；其次是金星，周期是9个月；接下来是地球，它公转周期是1年，月亮伴随着地球绕太阳运行的同时，每月又绕地球旋转一周；再往远处是火星，2年一周；木星12年一周；离太阳最远的是土星，每30年绕太阳一周。再远的地方就是看似不动的恒星天了，恒星天可以作为观测天体运动的背景。

哥白尼还用日心地动说来解释天体的运动。他认为，日、月、行星每天的东升西落是地球自转的结果，而年复一年的四季交替是地球公转的反映。

从现代的科学观点看，哥白尼的宇宙模型仅仅是太阳系的模型。而且，这个模型的太阳系边界只是到了土星。现代科学也发现，太阳并不是静止不动的宇宙中心。但在哥白尼时代，提出日心地动说已经在天文学乃至整个自然科学领域掀起了一场根本性的革命，人们几千年来形成的地心说观念被哥白尼倒转了过来，它给人类意识带来的冲击是前所未有的。哥白尼学说使人类对太阳系结构、天体的位置与运动有了比较正确的认识，为近代天文学的发展奠定了坚实的基础。

但是，哥白尼的学说刚一问世，立刻受到宗教势力和保

伽利略第一次扩展了人类的视野

守的人们的污蔑和攻击，教会禁止《天体运行论》的传播，同时残酷迫害宣传哥白尼学说的人。尽管如此，仍然有许多科学家站出来拥护和捍卫哥白尼学说，第一个站出来捍卫和发展哥白尼学说的人是意大利科学家布鲁诺。

布鲁诺1548年出生，早年父母双亡，他是在修道院长大的。他勤奋好学，靠顽强的自学成为知识渊博的学者。布鲁诺在年轻时就接触了哥白尼的《天体运行论》，从此，他摒弃宗教思想，开始宣传哥白尼学说。为此布鲁诺受到了教会的残酷迫害，28岁时被迫逃出修道院，长期流亡在国外。但他每到一处都要颂扬哥白尼的学说，抨击腐朽的经院哲学。

布鲁诺还以惊人的预见性，大胆地提出宇宙无限的思想。他认为宇宙是统一的、无限的，在太阳系外还有数不尽的恒星世界，我们所能看到的只是宇宙中很小的一部分。太阳不过是一颗普通的恒星，每一颗恒星都是一个"太阳"，它们都有像地球那样的行星环绕着自己。生命不仅存在于地球上，也可能存在于其他遥远的行星上。布鲁诺的这些观点进一步丰富发展了哥白尼的太阳中心说。

然而，在教会的眼中，布鲁诺的理论是"异端邪说"，万不能容。他们派人四处捉拿布鲁诺，最后靠收买他的朋友，写信诱骗布鲁诺回到意大利，将其逮捕入狱。教会审讯折磨布鲁诺达八年之久，但布鲁诺始终坚持真理。绝望之下，教会下令当局将布鲁诺处以火刑。受刑的时候，在熊熊的烈火中，人们还听到布鲁诺的声音："火并不能把我征服，未来世界会了解我，知道我的价值。"

在布鲁诺牺牲十年后，又一位意大利著名科学家伽利略，以自己的发现维护着哥白尼的学说，也与教会发生了尖锐的冲突。

伽利略受荷兰人发明望远镜的启发，制作了高倍率望远镜，并首先把望远镜瞄准夜晚的星空。伽利略用望远镜观察月亮时，惊奇地发现，印象中明亮柔美的月亮表面竟然凹凸不平，有高山、平原，还有像火山口那样的环形山。这和地球表面结构十分相似。伽利略还发现，木星周围有四颗卫星伴随着木星绕太阳运动。这就印证了哥白尼关于地球带着月亮围绕太阳运动的说法。而在此之前，托勒密体系的维护者却说，所有的天体只能围绕地球这个中心转动。伽利略的发现是哥白尼学说的伟大胜利。伽利略在观测金星时，又以惊人的发现证明着哥白尼学说。他在望远镜中看到的金星已不是圆圆亮亮的，而只是一个小小的月牙在放光。惊讶之余，伽利略很快就明白过来：金星就像月亮一样也是被太阳照亮的，当它围绕太阳运转时，在地球上看就会出现像月亮那样的盈亏变化。此外，伽利略还用望远镜观察了茫茫的银河，发现那里是一群群密集的繁星，无法数清。这一切无可辩驳地证明了布鲁诺预言的正确性。

但是，伽利略因宣传哥白尼学说，也遭到了天主教会的警告：不准以口头或文字宣传哥白尼学说。于是伽利略巧妙地构思了一部书，取名《关于托勒密和哥白尼两大世界体系的对话》。他在书中汇集了一切能证明哥白尼学说的论据和理由，以对话的方式将哥白尼学说充分展现在世人面前，谁是科学，谁是谬误，明眼人都能看出来。伽利略就以这种方式将日心说广为宣传，并把哥白尼学说的发展推进到了一个新阶段。

● 行星轨道的发现

　　1571年，开普勒出生在德国，他在上大学时就非常热衷于数学，他学习了哥白尼的学说后，就试图找出隐藏在行星运动中的数学关系。1600年，开普勒接受丹麦著名天文学家第谷的邀请做他的助手。两个人的会见，成为天文学史上一件值得庆贺的大事，它意味着经验观察与数学理论在天文学上一次极富成果的结合。

　　开普勒来到第谷身边一年后，第谷就去世了。第谷一生最大的财富就是20多年的观测资料，这些资料细致、准确，科学价值很高。他在临终前，将一生的心血全部留给了寄予厚望的开普勒。这些观测数据里，蕴藏着行星运动的真面目，正等待着开普勒去发掘。

　　开普勒在整理这些蕴藏着宇宙奥秘的资料时，发现托勒密、哥白尼以及第谷的行星轨道理论值与观测资料之间存在明显的误差。他坚信第谷的观测是可靠、精确的，问题一定出在理论方面。因此，他下定决心继续寻找行星运动之谜。

　　聪明的开普勒想到了火星。在第谷的资料中，火星的资料最详细，火星每隔687天就绕太阳一周，这就提醒我们：每过687天再去观测火星，火星已回到原来的位置"丝毫未

发现行星轨道的德国科学家开普勒

动"。而这时的地球已在自己的轨道上移动到不同的位置，此时，记下地球与太阳、地球与火星的位置，就可以测出地球到太阳的距离。开普勒用如此巧妙的手法测出了地球轨道的形状。反过来，还可以推出其他行星的轨道和运动。

行星轨道终于可以测定了，下一步是要弄清楚行星运动遵循什么样的规律？开普勒首先从火星开始，他进行了70多种方案的尝试，所能计算的火星位置与第谷的观测数据只相差了一点点。可这个看似很小的差别，是不是说明第谷弄错了呢？开普勒回想起第谷认真工作的情形，坚信第谷是不会发生哪怕如此微小的错误的。开普勒毅然决定重新再来。

开普勒意识到，用托勒密、哥白尼的匀速圆周运动的观点再研究下去没有出路，必须另辟途径。他大胆假设行星越接近太阳，运行速度就越快，而且它们的轨道呈椭圆形。经过大量的测算，开普勒终于找到了行星运动规律。1609年，开普勒发表了《新天文学》一书，叙述了行星运动的规律。这些规律告诉我们，所有行星分别在大小不同的椭圆轨道上运动。太阳位于椭圆的一个焦点上。在同样的时间里，行星的中心与太阳的中心的连线扫过的面积相等。以这样的方式，就可以知道任何时刻行星在轨道上的位置。开普勒满怀胜利的喜悦，在他的手稿的最后一页画了一幅胜利女神的肖像。

开普勒并不满足已有的成就，他预感到还有许多秘密未曾发现。受到前人的启发，他发现不管行星的轨道如何，行星总是距太阳越近，运转得越快。经过9年的艰苦探索，开普勒终于使杂乱无章的数字显示出了惊人的和谐性。

开普勒发现的行星运行的基本规律，使复杂的行星运动立刻失去了神秘性。人们称赞开普勒是"宇宙的立法者"。

开普勒在科学的道路上不断探索，不断胜利。但在生活中，贫困和疾病一直缠绕着他。晚年他长途跋涉去宫廷索要拖欠的薪金，不幸在途中得伤寒病逝。

● 苹果为什么落地

1642年，牛顿出生在英国的一个小农庄，出生前3个月父亲就已经去世。牛顿小时候喜欢搞制作，扎风筝啦，造风车啦等，做出许多让大人惊奇的事。牛顿上中学时，家中负担很重，他被迫辍学回家，帮助母亲干农活。牛顿经常沉浸在各种各样的想法之中，农活干得却不能让人满意。有一次，多年未遇的暴风雨袭击了村庄，村里的人都跑出去加固房屋，只有牛顿跑到暴风雨中，像个疯子似的一会儿顺风跳，一会儿逆风跑，还不时停下来测量跳出的距离，他是想知道风力的大小。母亲知道后，再三考虑，最终还是决定把这个不善农活、喜欢动脑子的孩子送回中学读书。

在19岁那年，牛顿考入剑桥大学三一学院。他在大学中学习成绩优秀，毕业后留校继续搞研究。然而，就在这一年，伦敦附近流行鼠疫。学校全部停课，无事可干的牛顿回到家乡住了近两年。没想到的是，这短短两年竟成为他科学发明活动的黄金岁月，他提出了万有引力理论的基本思想，独立地发明了微积分，实现了对光的分解实验。

传说有一天晚上，牛顿坐在自家院子里，看到树上的苹果落到地面，这个司空见惯的现象却引起了他的思考。苹果

伟大的科学家——牛顿

落地是由于地球的重力的作用，但月亮为什么不落地呢？地球重力能不能到达月亮？经过对月亮运动的深入研究，他最终悟出了引力作用的规律。

牛顿曾研究过伽利略的运动学。根据伽利略的惯性定律，凡是不受外力作用的物体将永远保持它原来的运动速度和方向；如果物体的运动速度或运动方向发生变化，一定是受到外力的影响。牛顿受此启发，想到月亮绕地球运动，一定是受到某种力的作用，这种力指向地球，使月亮不断改变方向，围绕地球运动。我们应该寻找的就是这种使月亮改变方向的力。

牛顿还把伽利略的自由落体定律和抛射物轨道理论应用到天体运动问题上。他把月球比作一个抛射物，月球的运动可以分解为两种运动：一种是由于惯性引起的直线运动；一种是把月球拉向地球的运动。后一种运动显然是受到地球的吸引作用，不断偏向地球。如果没有这种力的作用，月球就不可能保持在轨道上运动。如果这种力太小，月球就不会偏向地球。如果这种力太大，就会把月球从轨道上拉下来，使它落向地球。

牛顿还进一步证明，维持月球做圆周运动的力就是地球的引力。而且他还证实使苹果落地的力和使月亮绕地球运动的力是一样的，都是引力。牛顿还进一步推论，一切行星或物体之间都有引力存在，这就是著名的万有引力。

1687年，牛顿在其科学巨著《自然哲学的数学原理》一书中发表了著名的力学理论。牛顿用引力理论解释了物体和天体的运动，还有诸如彗星运动、潮汐现象。此外，这本书还论述了包括惯性定律在内的运动定律、力的独立运动原理和关于力的合成法则，等等。这本书奠定了被称为经典力学的牛顿力学的基础，在科学史上占有极其重要的地位。

牛顿是一位伟大的科学家，他在物理学的许多领域都做出了重要贡献。他证实了哥白尼的日心说、开普勒的行星运动理论的正确性，并因此宣布了哥白尼学说的最后胜利。

1727年，牛顿去世了，人们给了他极高的评价和赞誉，英国第一次为一位科学家举行了国葬。

● 白纸换来的星球

从托勒密的地心体系到哥白尼的日心说，"宇宙的中心"由地球换成了太阳，可这个宇宙的边界一直没有什么变化，镇守在太阳系边界的还是土星。

第一个开拓宇宙边界的是英籍德国人威廉·赫歇耳。赫歇耳是一位音乐家，业余时间喜欢用自己制作的望远镜观测天空。1781年，赫歇耳在观察双子座内的一群小恒星时，发现其中一颗星，像行星那样有圆圆的面，而不是像恒星那样只有一个亮点。赫歇耳十分惊讶，又接连几天跟踪观察，终于发现这颗星移动了。原来它是一颗能移动的星。这颗星没

音乐家发现了天王星

有彗星常见的彗头和彗发，轨道也不是扁扁的。人们最终承认它是一颗行星，就这样，太阳系里多了一个新成员。

在为新行星命名时，赫歇耳提议用英王乔治三世的名字，叫"乔治星"，一些科学家主张叫"赫歇耳星"。最后大家仍按传统的方式命名，以古代神的名字命名，叫"优拉纳斯"（希腊神话中的天神），中文译做"天王星"。

天王星的发现大大扩展了太阳系的"疆域"，它的轨道半径差不多是土星半径的2倍，这一下子就将太阳系的

"篱笆"向外太空挪移了一倍，也就是说，"疆域"扩大了4倍。

新行星的发现让天文学家们感到很兴奋，大家都急于了解它，忙着计算它围绕太阳运行的轨道。可是，人们渐渐发现，新行星很别扭，总是有些"越轨"行为。用理论计算的值与实际观测的结果出现了一定的误差，而且，时间越长误差越大。到了1845年，天王星的轨道已偏离了理论轨道2分，并且有增无减。

天王星的"越轨"行为，引起了科学界的争论，有人又对牛顿的万有引力理论提出了疑问。如果万有引力理论不能解释天王星的行为，那么，这个理论将失去权威性。当然也有人坚信牛顿学说是正确的，他们提出了另一个科学假设。

天王星或许受到另一个目前未知的行星的影响，使天王星受到"摄动"。相比而言，木星和土星因质量很大，并未受什么影响。因此，找到那颗深藏不露的"天外"行星，就成为天文学家们亟待解决的课题。但是，要在茫茫的星海中找出一颗行星谈何容易。现在要找的行星比天王星还要远很多，亮度也更弱。要用望远镜在天上一个一个地找，难度可想而知。最好的办法还是先用理论计算，再去观测证实。

牛顿的天体力学理论无疑是最好的选择。用牛顿力学原理，计算已知星球对另一颗行星的引力影响，正是牛顿力学理论的优势。现在要反过来，已知天王星受到未知星球的摄动，要算出引起摄动的未知行星的位置和质量，计算起来困

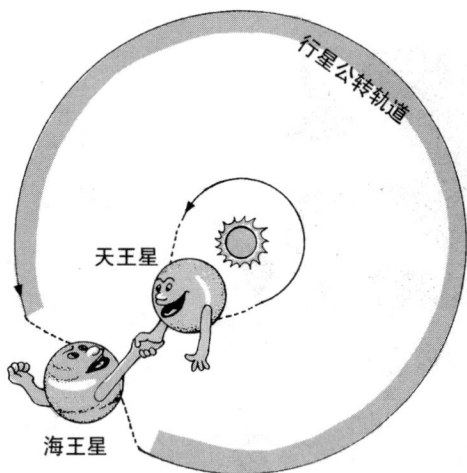

行星间摄动示意

难更大。敢于接受这项艰巨任务的是两位年轻人。

1845年10月，英国剑桥大学的学生亚当斯，经过两年的努力，最早完成了这项工作。他把这颗未知行星的位置送交格林尼治天文台的英国皇家天文学家爱里手中，请他帮助验证。可惜年轻人的研究没有受到权威的重视，论文被搁置一旁。过了7个月，爱里才开始帮助寻找，爱里也缺乏认真工作的态度，新行星给了他两次获得发现的机会，都被他放走了。

法国人勒威耶在晚些时候，也独立算出了未知行星的轨道。相比之下，勒威耶很幸运。德国柏林天文台的天文学家加勒收到信的当天晚上，就在勒威耶指定的位置发现了一颗新的行星。就这样，白纸竟然换来了一颗新行星！

勒威耶成功了。为了命名，当时的法国人主张叫"勒威耶星"。不过勒威耶很清醒，他用大洋之神"耐普丘"的名字命名新行星，中文的译名是"海王星"。

海王星的发现，充分证实了哥白尼体系和牛顿引力理论的正确性，意味着牛顿的天体力学理论，经受住了实践的考验。

海王星的发现使亚当斯和勒威耶获得了极高的声誉。他们俩只是用笔算

白纸换来的星球——海王星

了一算，就可以确定未知行星的位置，这该有多么神奇啊！不过他们用于计算的理论基础具有更大的神奇力量。这个理论就是牛顿确立的引力理论。尽管人们用神的名字命名行星，让那些神灵尽情地在空中遨游，但是控制它们运行的规律却是牛顿发现的。牛顿为人类争取到的光荣是无与伦比的！海王星的发现还体现出理论进行科学预言的威力。

20世纪初，美国天文学家洛威耳预言，海王星轨道之外还存在一颗行星。1930年，美国的汤博在天文照相的底片上找到了"海外"行星的身影，人们叫它冥王星。那么，冥王星是不是太阳系中最后一颗行星呢？谁也说不准，如果有一天，某人宣布又发现了新行星，这也无须惊讶。

二、相对论趣话

● 失败的实验竟打开了相对论的大门

现在我们都知道，声音不能在真空中传播，但光线可以在真空中传播。然而，100多年前，人们并不说"光线（或光波）在真空中传播"，而是说"光线（或光波）在以太中传播"。也就是说，光是通过"以太"这种媒介传播的。那时人们认为真空中充满着可以传播光的以太，以太也充满着任何物体。人们还认为，当光波通过以太时，光就像水波一样依次递进，而水体自身只是上下起伏，并不随之向前。以太也是这样，光波一走了之，以太却原地不动或原地踏步。以太还有一些性质，如它不能被听到、看到、嗅到，更不能被摸到，可是人们却认为它是存在的。就像构成物体的原子一样，原子也不能被看到，但它却是构成物体的基本物质。

虽然原子不能被看到，但它构成的分子在化学反应中的行为却是可以用原子理论解释的，并可以对此做出一定的预见。20世纪初，人们从实验上证实了原子的存在。以太怎么样呢？它能被实验证明吗？以太不仅运载着光，而且还运载着无线电波、微波、红外线和紫外线等。怎样从实验上证明以太的存在呢？其实，为证明以太而设计的实验比证明原子的实验还早。

如果在无风的天气，你会看到树叶一动不动，可你坐在飞驰的汽车上，你会感到有急速的风吹过来，而且汽车越快，这风就越急。但树叶看上去却仍是一动不动的。大家都知道，地球是运动的，并且以每秒32千米的速度绕太阳运动着。如果地球周围真的存在以太，我们应像乘车时感觉到气流一样，也应该能感觉到一种"以太风"或"以太流"。

当然这种以太风是很弱的，人不足以感觉到它的存在。当光线穿过以太的海洋时，会在以太的海洋中掀起一股"涟漪"。以太也会对光的传播产生干扰，而这种干扰还会产生一种效应，可以通过光学仪器将这种效应观察到。这个设想最初是由英国科学家麦克斯韦提出来的。这的确是一个很巧妙的设想。

然而，观察麦克斯韦提出的这个效应可不是一件容易的事。尽管一些科学家总是讲到这样的实验，但包括一些很灵巧的实验物理学家在内的人却连想都不去想。

美国科学家迈克尔孙在实验上很有天分。这位迈克尔孙在2岁时就跟着父母从德国来到了美国，父母都是波兰人。

中学毕业后，他考入了一所海军学校。在校期间，迈克尔孙的理科成绩非常好，可是航海技术的课程学得不怎么样。毕业后他在海军服役了2年后，又回到母校教物理和化学的课程。这时他迷恋上了光速测量的工作，并与测量光速的工作结下了不解之缘。

在做光学研究时，迈克尔孙认为自己的光学知识很不够，为此他利用一次长假到德国和法国学习。在德国，他遇到了一位科学大师——亥姆霍兹。这位大师曾指导赫兹研究过电磁场，后来赫兹首次用实验验证了电磁波的存在。在这里，迈克尔孙进行了测量"以太风"的实验，结果失败了。

回国后，迈克尔孙辞去了海军的教职，到一所大学去教物理。在这所大学内，他精确地测量了光速的数值，即每秒299 853千米。

为了再次测量以太风，迈克尔孙从电话发明人贝尔那里得到一些资助。他设计了新的仪器，借助新的仪器，迈克尔孙与一位名叫莫雷的同事一起做实验，结果仍未发现以太风。这是怎么回事呢？迈克尔孙重新审查了实验装置和实验步骤，看上去一切都是没有问题的。这就好像是乘客坐在飞驰的汽车上，对从窗子吹进的强风无动于衷一样。

这真是很奇怪啊！是不是仪器有问题呢？后来，迈克尔孙又重新设计了实验，结果还是一样。这个实验并不复杂，其他科学家也重复了实验，结果还是一样。甚至到了1960年，美国哥伦比亚大学的科学家还在做这个实验，实验的精确度已远远超过了迈克尔孙当年的水平。不要说地球以每秒32千米的速度运动，就是以每秒32米的速度运动，所产生的以太风也应该能测量出来呀！但最后还是没有测量到以太风。

按照迈克尔孙的实验结果，既然不能测到以太风，说明地球根本就没有运动，地球是静止的。如果是在17世纪，人们一定会认为，这个实验恰好可以作为"地心说"的依据。不过迈克尔孙可是生活在19世纪下半叶，科学家们不会再相信地心说了。

迈克尔孙做过这个令人扫兴的实验之后，他的心情是可想而知的。可是令他万万没有想到的是，这个实验竟成了打开相对论大门的"金钥匙"。令人遗憾的是，迈克尔孙自己却对相对论一直是不承认的，甚至还一直希望测到以太风，以否定相对论的理论。迈克尔孙的这种想法并不奇怪，如果我们翻开《美国芝加哥大学1898~1899年鉴》，在物理学部分就可以看到这样的话：物理的结构已经十分严整，以至于除了求出各种常数的第六位小数值之外，已不需要再研究什么了，也就是说宏伟的"物理学大厦"已经建成了。而这时芝加哥大学的物理系主任正是迈克尔孙自己。

虽然迈克尔孙的实验是科学史上"最失败"的实验，但后来却证明它成了新的物理学革命在理论领域中的新起点。那么，迈克尔孙实验的问题出在哪儿呢？

● 揣摩自然的"心思"

为了解释迈克尔孙实验的"荒谬"结果，一些科学家提出了一些"离奇"的假设。像爱尔兰科学家菲兹杰拉德和荷兰科学家洛伦兹就提出了一种"收缩假设"。

菲兹杰拉德认为，在地球运动时，它使以太发生了流动。由于以太流给物体的原子施加了压力，使原子发生了压缩，并使物体在以太流动的方向上缩短了一些。简单地讲，所有运动的物体在运动方向上都会缩短一些，而这种缩短抵消了以太风产生的效应。洛伦兹还用简洁的公式来表示以太压缩物体的收缩效应。

那么，能否测量这种物体收缩效应呢？不能。因为在物体运动时，测量物体长短的尺子也是一起运动着的，尺子也有收缩效应。由于尺子与被测量的物体收缩的程度是一样的，所以测量长度的数值与未收缩时测量的数值是一样的。

类似的还有，沿以太流方向测量物体运动时间，发现时间也会变慢。同样，这不是因为时钟变慢了，而是以太流造成的效应。然而，洛伦兹发现，不管是时钟变慢，还是尺子缩短，令人惊奇的是，光速却是不变的。

洛伦兹的研究，虽然解决了尺度缩短和时钟变慢的问题，保全了物理学的理论，但这种"保全"是建立在主观猜测的基础上的。虽然这种猜测与自然界的现象是一致的，但自然界的"心思"人们还不知道，人们还只是在"揣摩"着自然界的"心思"，并力图发现其中的奥秘。

● 20世纪升起的星

由于迈克尔孙—莫雷实验没有测量到以太风，奥地利科学家马赫听到这个实验结果时说："让我们抛弃偏见的时候已经到了，以太这个怪物根本就是不存在的。"当时，年轻的德国物理学家爱因斯坦也是这样想的。

爱因斯坦是一位犹太人，1879年他出生在德国的乌尔姆城。爱因斯坦是一个沉静的孩子，由于母亲学过音乐，爱因斯坦6岁时就开始学习小提琴。他喜欢玩一些需要耐心的游戏。他对自然充满着好奇感。有一次，父亲送给他一只小罗盘，爱因斯坦非常喜欢它。罗盘的指针总是指向固定的方向，这令他十分惊奇，他认为，一定是"在事物的后面隐藏着某种深奥的道理"。

爱因斯坦在德国完成了小学和中学的学业，他的成绩很好，而且很喜欢自学。他12岁时开始学习几何学，16岁时学习微积分。据说，由于学习了许多数学知识，在报考大学时，他认为数学每个分支都够研究一辈子的，所以就报考了

少年时代的爱因斯坦对自然充满了好奇

物理专业。

由于爱因斯坦不喜欢德国的教育方式，也厌恶德国的军国主义气氛，后来他到了服役的年龄，为逃避兵役，就离开了德国，去意大利与父母团聚。1895年，他去瑞士报考大学，尽管他的理科成绩不错，但很遗憾，还是没考上。经过一年的复习，第二年他考上了瑞士联邦工业大学。

上大学期间，爱因斯坦的家境已经不好了，为此他需要得到舅舅的资助，舅舅每月给他100法郎。在学校，爱因斯坦有一个"怪毛病"：不感兴趣的课程就不去上，只爱自学，甚至去钻研一些大师的著作，有问题就去问教授。但是，他的这个"怪毛病"引起了一些老师的反感。

在20世纪将要来临之际，爱因斯坦毕业了。然而，随之而来的却是失业。1901年，令他高兴的是，在放弃德国国籍已有好几年的时候，他终于取得了瑞士的国籍。不过工作是很难找的，还是他的老同学格罗斯曼帮了大忙。

当格罗斯曼把爱因斯坦的境况告诉自己的父亲时，父亲是知道爱因斯坦的，因为爱因斯坦曾是他家的常客，与他们一家人都很熟识。格罗斯曼的父亲答应帮助爱因斯坦，并把这个情况告诉了他的老朋友哈勒。哈勒是瑞士伯尔尼专利局局长。这时，专利局正好在招聘技术人员。哈勒通知爱因斯坦到专利局参加考试，他发现，虽然爱因斯坦没有工科知识的基础，但他的鉴别能力非常好。专利局正好需要这样的人。所以，从1902年，爱因斯坦开始在专利局工作，一直工作到1909年。

● 奥林匹亚科学院

我们还是先谈一谈爱因斯坦在瑞士那段时间的"学术"经历吧！

大学毕业后，爱因斯坦要做家庭教师，为此他在报上登了广告。当时伯尔尼大学学生索洛文看到了这个广告。为了学习更多的知识，他觉得有必要向这位老师请教一些物理方面的问题。

索洛文是罗马尼亚人，来到伯尔尼学习哲学。当他找到爱因斯坦之后，说明了自己的来意。爱因斯坦非常高兴，说道："你学哲学，爱好物理；我学物理，爱好哲学。我们还是相互学习吧！"两人谈起各种问题来津津有味，似乎授课、课酬都忘掉了，这里成了讨论和探索的场所。不久，爱因斯坦的朋友哈比希特也参加了进来。后来，哈比希特的弟弟和大学同学贝索也加入了讨论。

每次聚会虽是自由讨论，但还是"正式"些好。为此，他们几个人为聚会起了一个响亮的名字——"奥林匹亚聚会"，还成立了"奥林匹亚科学院"。我们知道，奥林匹亚是古希腊的一个平原，人们曾在这里举行过运动会。为了纪念这个古老的风俗，现代人进行的四年一次的世界大型综合

青年时代的爱因斯坦与同伴们在一起

性运动会就称作"奥林匹克运动会"。

不要小看这几个年轻人，他们讨论的都是当时科学和哲学中的重大问题。由于爱因斯坦的学识和人格，他被推选为"科学院院长"。

"科学院"的活动是定期的，每次活动都是在各人家轮流举行，或到一家小咖啡馆。活动开始时正是晚餐开始时，尽管食物很简单，但大家的讨论却是很热烈的，讨论的范围也很广泛，而对食物的味道却无暇品评。据说，有一次爱因斯坦过生日，大家特意添了一道俄国的鱼子酱，而这也正是爱因斯坦早想品尝一下的东西。

当然，虽是"生日宴会"，讨论问题的气氛依然热烈，大家争论的劲头依然不减。什么惯性啊，以太啊，同时性啊……鱼子酱端上来，那晶莹剔透的颗粒不时送入大家的口中。当爱因斯坦的演讲停下来，要大家评论时，大家并不着急，而是反问那盘中之物是何味道时，爱因斯坦依旧是不屑的表情。"可那是鱼子酱啊！并不是问你惯性和以太的味道啊！"爱因斯坦这才表现出惋惜的神情："多么美好的东西啊！可惜我竟没有丝毫的回味！"此后很长一段时间，鱼子酱成了大家有趣的话题。

在讨论时，大家对缺席者也是有"惩罚"的。有一次，轮到去索洛文家了，可是当地一场音乐会太吸引人了，竟引得索洛文"追星"去了。大家对此很气恼，可也无可奈何。何况索洛文在走之前煮了一些鸡蛋，并留下一些别的食品以及便条：

最亲爱的朋友们——请吃鸡蛋，并致敬意。

对此，同伴们并不买账，索洛文回到家后，只见地上有一堆纸灰，墙上钉着一张爱因斯坦留下的便条：

最亲爱的朋友——请吃浓烟，并致敬意。

奥林匹亚科学院的小伙子们是风趣的，但研究是一丝不苟的，他们创造了科学史上的"神话"，特别是在1905年。

● 不平凡的1905年

在专利局工作之后，由于有了稳定的收入，爱因斯坦把许多精力放在了物理学研究上。他的研究是多方面的，而且像是多学科齐头并进地研究。这多学科研究的溪流在1905年终于汇集在一起，形成了一股洪流。

在这一年中，爱因斯坦一共完成了涉及3个学科的6篇论文。

首先在3月17日，爱因斯坦完成了有关光电效应的文章。所谓光电效应是把光线（如紫外线）照射到某种金属上，在金属表面会产生电子流。在这篇文章中，爱因斯坦提出了光量子（也叫光子）的假设。在量子理论的早期发展中，爱因斯坦的光子理论占有重要的地位。后来，他还因此于1921年获得了诺贝尔物理学奖。不过对于光电效应的验证是很困难的。这是专爱做难度大的实验的美国科学家密立根花了10年的时间才完成的。本来密立根是想通过实验来"消灭"光量子假设的，可是没有想到，他却证明了爱因斯坦的理论。

第二是4月30日完成的有关测量分子大小的新方法的文章，5月11日和12月19日又先后写出了有关布朗运动的文章，为统计力学的发展做出了重要贡献。所谓布朗运动是英国植物学家布朗于1827年用显微镜观察浸在水中的花粉时，发现花粉颗粒在不停地运动，而且运动的路径是不规则的，像是一群醉汉在跳舞。看上去花粉在做一种"有意识"的运动。由于布朗无法解释这种现象，所以一直未公布这种现象。直到他去世后，这份在他的文稿堆中躺了近40年的实验报告才被人们发现。后来在研究之后，一些人认为，花粉的运动是由于分子的运动引起的。也有人反对这种解释，认为原子和分子是不存在的，用分子理论解释布朗运动是错误的。爱因斯坦在自己的论文中是主张分子理论的，他经过论证，认为布朗运动是分子运动的结果。3年后，法国科学家佩兰用实验证实了爱因斯坦的解释。由于实验的成功，佩兰获得了1926年的诺贝尔物理学奖。

在1905年的6月30日和9月27日，爱因斯坦还发表了两篇文章。在这两篇文章中，爱因斯坦提出了著名的狭义相对论。后来人们通常是将1905年6月30日的文章当作狭义相对论的诞生日。

● 有趣的狭义相对论

在狭义相对论中，爱因斯坦勇敢地放弃了以太观念，对传统的牛顿时间与空间理论也进行了彻底的改造。在建立狭义相对论时，他提出了两条最基本的假设：一条是，物体的运动都是相对的，无法确定太空中的物体是静止的，还是做匀速直线运动的；另一条是，光在真空中的速度永远是不变的，并且与光源的运动也无关系。

设想有人居住在银河系中A行星上，它距地球20光年。也就是说，从A行星以光速行进的光波，到地球需要花时间20年。A行星给我们发了一封电报，收报员在20年后收到了这封电报。电报的内容是发报人于25年前发现金矿的事。我们可以判定，发现金矿比发报的时间要早。这个结论对于狭义相对论来说当然是无条件成立的。再者，当收报员收到电报后，外面掉下了雨点，我们也可以说，收报在前，下雨在后。

我们可以把事情设想得复杂一点。如果A行星上的发报员在发报之后10年，他的爱犬死了。这时我们就不能说爱犬死于发报前还是发报后，因为狭义相对论有运动时钟变慢的效应在"作怪"。

假如，发报员发出信号之后，宇航员就开一架高速飞船向地球飞去，他的时钟变慢效应很不明显，到达地球已有200年了，经过计算，他认为，小狗死于发报之后。另有一名宇航员也在发报之后同时乘宇宙飞船飞向地球，但速度要高得多，已接近光速；他用不了200年，只需要"几个月"（他的时钟慢得太多了！）就到地球了。经过计算，他发现，小狗死于发报之前。原因是，他到达地球后看发报的时间，信号是几个月前发出的。那么，小狗死于发报后10年，小狗肯定是死于发报之前的。

如果宇宙飞船的速度达到光速，宇宙飞船上的表就"停"了，好像时间"冻结"了一样，宇航员只是一眨眼的工夫就到地球了。发报与收报两件事是在同时完成的，所以"同时"只具有相对的意义。这几位宇航员在地球和A行星上的计算都是"合理"的，因为他们相对的参照系统是不同的，而"相同"的、具有绝对意义的参照系统是不存在的。

那么，牛顿讲的绝对参照系是错了吗？是的，不仅牛顿的参照系是错的，牛顿的运动理论也是错的。这也难怪，牛顿的时代还未碰到物体高速运动的现象。依照当时的经验，牛顿以为物体在低速运动时所遵从的规律可以不加限制地推广到高速运动时。遗憾的是，这种外推不行。

正如爱因斯坦所说："牛顿啊，请原谅我，你所发现的道路，在你那个时代，是一位具有最高思维能力和创造力的人所能发现的唯一的道路。"当然这并不是说，牛顿的理论全错了，因为物体在做低速运动时，是服从牛顿的运动规律的。像登上月球和将要登上火星的宇宙飞船，它们在运动时所遵循的运动规律仍是牛顿的运动理论。正如爱因斯坦接着说到的："你所创造的概念，甚至今天仍然指导着我们的物理学思想，虽然我们现在知道，如果要更加深入地理解各种联系，那就必须用另外一些离直接经验领域较远的概念来代替这些联系。"因此，我们在中学学习牛顿的运动理论仍是必要的，仍是马虎不得的。

● 质量与能量

在古时候，许多人发现，物质的形式是可以变化的，但物质的总量是不变的。例如，杯子中的水被加热，全部变成了蒸汽，水由液态变成了气态。不过在变化过程中，水的总量是不变的。到了18世纪，法国著名科学家拉瓦锡论证了"质量守恒定律"，这条定律也被称作"物质不灭定律"。

到了19世纪中叶，科学家们又证明，在一个封闭的系统内，能量是可以相互转化的，但系统内的总能量是保持不变的。例如，水流具有的动能可以转化为电能，灯泡消耗电能而转变为光能和热能，但是，最初水流的动能变为最终的光能和热能，总量是不变的。这就是"能量守恒定律"。

然而，当物体运动速度达到或接近光速时，我们非常熟悉的质量守恒定律和能量守恒定律就失效了。例如，在粒子加速器中，一个粒子与一个反粒子（如一个电子与一个反电子）高速运动并发生对撞，结果粒子与反粒子都"灰飞烟灭"，同时产生了巨大的能量，并以γ射线等形式释放掉。爱因斯坦发现，虽然物质的质量消失了，但这并不等于物质消失了，这时物质是以一种场的形式出现了。场的能量与实体的质量存在着等价的形式。它们的关系是：场的能量恰好等于转变前的实体质量乘以光速的平方，也就是$E=mc^2$。这个公式叫作质量—能量关系式，或简称"质能关系式"。现在，这个公式很重要，也很简洁，它几乎已经成为相对论的同义语了。

这的确是一个惊人的发现，尽管开始大家对此是不以为然的。随着粒子物理学和核科学技术的发展，这个公式已成为一个基本的分析工具。比如在原子弹爆炸时，其中的U^{235}释放的能量的多少就是根据它的衰变量计算出来的。

● 汤普金斯的"奇遇"

乔治·伽莫夫是一位美籍俄罗斯科学家，他在宇宙学和遗传学的研究上都有很大的贡献。他在普及科学知识上也倾注了大量的心血，为此他获得了1956年联合国教科文组织的卡林格科普奖。

为了普及相对论的知识，伽莫夫写了一本十分有趣的书，书名是《汤普金斯奇遇记》。在书中，伽莫夫讲述了一连串的有趣故事。

西里尔·亨利·汤普金斯是一位银行职员。有一次，他去听一个有关相对论的科普讲座。相对论是不大容易懂的，汤普金斯实在是打不起精神，竟呼呼地睡着了。

真是无巧不成书。汤普金斯竟闯进了一个奇妙的、很不同于我们的世界。从讲座中，汤普金斯大致了解到，在我们生活的世界中，物体运动的速度有一个极限——光速。除了一些极小的粒子之外，寻常的物体是很难达到这个极限的。有趣的是，汤普金斯闯入的另一个世界，物体运动的速度极限才50千米／小时。在我们的世界中，运动员可以轻易地超过这个速度。

汤普金斯初到这个城市，看到一切都是正常的。人们漫步在街道上，汽车的速度都是不快的。他看到钟楼上的大表，习惯性地对了一下表。

忽然，一辆救护车飞驰过来，他发现这辆汽车有些不合比例，显得很短。当汽车再加速时，显得更短。司机看上去也是"消瘦"了一些。他急忙租了一辆小汽车追了上去，并下意识地看了一下手表，指针恰好指在12点上。

在追踪过程中，汤普金斯又发现了一些奇怪现象。街道似乎并不很长了，商店的大橱窗也变得很窄了，行人也显得很瘦。到这时，汤普金斯突然想起讲演的内容。原来这就是

为什么街上的人这么瘦高呢

相对论中的运动尺度缩短效应。

　　汤普金斯仍在努力追踪那辆车，他的好奇心驱使他去问问那个司机，看司机对这些现象有什么见解。虽然汤普金斯急于追上那辆车，但是他又发现，在加速过程中，他的努力并不十分有效。汤普金斯在想，看样子，这是由于我的车已接近到速度的极限了。当汤普金斯追上司机时，他们并肩开着车。他发现，这位司机并不单薄，而是一位体格健壮的运动员。汤普金斯只得把原来的错看归结为相对论效应。

　　汤普金斯了解到这些后，就迅速地开车回到了借车的地方。这时，汤普金斯又看了一下大钟，指针指在12点30分，这个过程显得长了一些。他又看看腕上的手表，他不敢相信，居然才12点05分。两个表大概都不会错，这肯定又是相对论效应。他又坐下来，略做了一点推导，运动的时钟应该变慢，变慢的值同他的推算是一致的。汤普金斯很得意，因为他初步弄懂了相对论的理论。

在这座城市中，汤普金斯发现的最奇妙的事情，大概还是在火车站站台上看到的现象。汤普金斯为了进一步了解这个陌生的世界，他决定去旅行。到了车站的站台，他看到一位老妇人迎接她的"儿子"。可是，他们之间的对话，使汤普金斯极为惊奇。老妇人高兴地叫道："欢迎您，亲爱的爷爷。"汤普金斯觉得有必要弄清这个问题。他冒昧地问道："你们真的是祖孙关系吗？"老妇人和"中年人"看到汤普金斯的装束和举止不像是本地人，也就笑着答道："这是没有错的。""中年人"觉得汤普金斯的提问很有意思，他又进一步解释道："由于我的工作有很大一部分时间要花在旅行上，因而我的岁数增加得很慢，我们的岁数差只得借助一些数学公式来演算。""中年人"还说明了计算公式，汤普金斯一听就明白了，这就是相对论的公式，并且这就是相对论中那奇妙的"双生子"佯谬。看样子，这个城市的人已经将相对论理论应用到生活中去了，把与相对论有关的现象看得很平常了。

宇宙为什么会有这样一个世界呢？汤普金斯百思不得其解，想着想着，他看到空中划出了一条闪电。他突然明白了，我们生活的世界与他们生活的世界在演化过程中好像被"微调"过。可做这"微调"的"人"是谁呢？汤普金斯露出了一丝疑惑。

难道真的会发生儿子比父亲大的事情吗

三、2000多年的难题

● 数学王国中的"圣经"

古希腊人的科学文明中，最为有名的成果是建立了几何学体系，其代表是欧几里得编纂的《几何原本》。这是一部大部头的几何书。全书涉及的数学内容包括平面几何、立体几何和数论三部分。其中的定理只有极少部分是欧几里得本人创立的，大部分是别人研究的结果。但是，创立几何学体系的功绩在人类历史上是占有重要地位的，它在西方文明史的发展中可以与《圣经》的地位相媲美。例如，一个科学家提到"I．47"，它只有一个意思：即《几何原本》第一篇第47命题，这就像西方人提到《圣经》中的"I《列王记》7：23"一样熟悉。所以，把《几何原本》看作是数学的《圣经》是毫不夸张的。近几百年来，《几何原本》已有2000多个版本。这也足见《几何原本》的重要性。事实上也的确如此，许多人都曾经认真地研究过《几何原本》，从中汲取了必要的营养。像伟大的科学家牛顿就仔细地读过《几何原本》，而他的名著《自然哲学的数学原理》的结构基本上就是模仿了《几何原本》的结构。

在学习数学时，我们常用到定义、公理和定理。定义是说明一个名词或术语的，如点、线、射线、集合的定义。公理是不加证明而承认它的正确性，并可以推理出新的结果的最基本的命题。公理的正确性是经过实践来加以检验的。定理是从公理和定义出发，用逻辑推理的方法肯定它的正确性的命题。

在《几何原本》中，欧几里得使用了公理和公设两种术语。实际上，后来人们对公理和公设根本就不加区分，公设也作为公理看待。欧几里得写下了5个公设，其中，第5公设是这样的：

如果一条直线与两条直线相交，且如果同侧所交两内角之和小于两个直角，则这两条直线无限延长后必将相交于该侧的一点。

第5条公设提出来后，一开始就受到了人们的怀疑。人们普遍看到，这条公设更像一条定理，似乎欧几里得也有同感。大概在欧几里得死后700多年，数学家普罗克洛斯对第5公设提出质疑，认为第5公设完全应从公设中去除，因为它实际上是一条定理。这种说法是有代表性的，人们对第5公设的质疑不是关于它的内容，其内容并没有错，而是认为欧几里得将它列为公设并不恰当。而且数学家们对第5公设中大半内容是陈述性的语句似乎也感到迷惑。因此，人们开始证明第5公设，试图把它降低到一条普通定理的地位。普罗克洛斯提到，天文学家托勒密就曾试图证明第5公设，普罗克洛斯自己也是如此。遗憾的是，到现在为止，人们也未能完成这一证明工作。

在这些证明过程中，人们经历的是一次又一次的失败。甚至有时已接近成功的边缘，但最终还是未能成功。似乎人们的研究方向是错的。到了19世纪初，人们终于打破了僵局，有3位有代表性的数学家同时在更广阔的欧几里得几何之外的空间去发掘，开拓出一片未曾开垦的处女地。这3位数学家就是年轻的匈牙利人鲍耶、俄罗斯的罗巴切夫斯基和德国的高斯。

● 子承父业的鲍耶

鲍耶1802年出生，他的父亲也是一位数学家，父亲年轻时和高斯同在格丁根大学读书，他们还是要好的朋友。鲍耶的父亲曾试图证明第5公设，当然是以失败告终。他深知其研究的难度。鲍耶从事数学研究，可谓是子承父业。更相似的是，在读大学时，鲍耶也力图证明第5公设。这当然引起了父亲的注意，并且对鲍耶大加劝阻。他在信中语重心长地

匈牙利科学家鲍耶

对儿子说："我求求你，就是你不要再做克服平行线理论的尝试了；你在这上面耗费了自己的全部时间，你不能证明这个命题。不必告诉我你用的方法或其他什么方法去企望克服平行线理论了。我彻底地研究了一切方法，还没遇到哪种想法是我没有深入探讨过的；我走过了整个毫无希望的漫漫长夜，并且把一生的全部机遇、全部欢乐都埋葬在其中了。看在上帝的份上，我求求你，放弃这个题目吧，对它的提防不应小于感情上的迷恋，因为它也会剥夺你一生的所有时间、健康、平静和一切幸福。"然而，鲍耶并没有听从父亲的劝告，继续研究的结果是，他写出了抛弃第5公设的论文《绝对空间的科学》。1825年，鲍耶开始建立非欧几里得几何学；到1839年，当父亲出版自己的著作时，鲍耶的26页的论文附录在书的后面。其中讲述了他的几何研究成果。实际上，这26页论文的价值远远超出了该书其他部分的价值。鲍耶发表了他的几何研究之后，他和父亲并不知道，早在3年前，罗巴切夫斯基就发表了类似的研究内容。

● 喀山大学的毕业生

罗巴切夫斯基1793年出生在一个农民的家庭，父亲去世后，他的母亲仍将他送入学校接受教育。进入喀山大学之后，罗巴切夫斯基显露出了他的数学才华，并深得教授们的青睐。大学毕业后，罗巴切夫斯基留在母校从事数学的教学与研究工作。

当时，欧洲对几何学的教材改革对罗巴切夫斯基有很大的影响，并且吸引了罗巴切夫斯基的注意。在几何学的研究中，罗巴切夫斯基很不满意作为欧几里得几何体系中基础的第5公设。开始，罗巴切夫斯基也试图证明第5公设，虽然未能获得成功，但是他依然在思索这一问题，在孕育新的思想。后来，他回忆起当时的情景时写道："大家知道，直到今天为止，几何学中的平行线理论还是不完全的。从欧几里得时代以来，2000年的徒劳无益的努力，促使我怀疑在概念本身之中并未包括那样的真实情况，它是大家想要证明的，也是可以像别的物理规律一样单用实验（譬如天文观测）来检验的。最后，我肯定了我的推测的真实性，而且认为困难的问题已经完全解决了。于是，我在1826年写出了关于这个问题的论证。"

的确如此，1826年，罗巴切夫斯基首先在喀山大学数理系发表了他的非欧几里得几何理论。这个理论非常奇怪，首先他将第5公设改造成新的公设，即：

通过一条已知直线外一已知点，至少可以画两条直线平行于该直线。

把这个公设同欧几里得的其他公设合并在一起，就可以得到一种新的奇特的几何体系。其中有些命题的结论是很奇怪的，例如，罗巴切夫斯基几何的三角形，其内角和是小于180度的。

20多年之后，德国数学家黎曼改造的第5公设则写作：

通过已知直线外一点，不能画一条直线与已知直线平行。

同罗巴切夫斯基几何不一样的是，黎曼几何的三角形，其内角和是大于180度的。

然而，在鲍耶和罗巴切夫斯基之前，伟大的数学家高斯已经构造出非欧几里得几何，非欧几里得几何这个名字就是高斯最先使用的。

● "惧怕马蜂"的高斯

高斯1777年出生在一个园丁之家，据说他是一位数学神童。他的计算能力超群，他3岁时就校正过父亲的计算结果，而且论证的能力也是超常的。在当时，高斯被人们看作是自阿基米德（公元前287～前212年）和牛顿以来最伟大的数学家。高斯在数学的许多分支领域都做出了重要的贡献。

对于传统几何学的研究，高斯在15岁时就开始思考对第5公设的证明问题，

德国科学家高斯

甚至过了十余年之后，他认为应放弃用第5公设证明几何定理。此后，在一封信中，高斯表示："我愈来愈深信，我们的几何的必然性不能证明，至少不能用人类的理智给人类理智以这种证明。"

除了在数学上证明第5公设外，高斯还努力从实验上沿另一途径进行研究。由于几何学是一种"物理的抽象"，是否可以从形式的物理世界中检验一下第5公设的真实性呢？高斯立足于三角形的测量，对三角形的三个角进行认真的测量。他用三座山峰构成一个巨大的三角形，各边长为69千米、85千米和195千米。由于这个三角形还不够大，因此没有得到什么结果。

为了证明三角形内角和等于180度，高斯先假设三角形内角和不等于180度。这就有两种情况，即三角形内角和分别大于180度和小于180度。高斯根据直线是无限长的事实，排除了大于180度的情况。

高斯假设，三角形的内角和小于180度。在此基础上可以间接地对第5公设进行证明。高斯在推理的过程中发现，他所得到的结果很怪，似乎有些不可理解，并且违背直觉。然而，高斯也不能找到其中逻辑的矛盾。更加深入的研究后，高斯还发现，这种几何学同欧几里得几何学相差甚远，但不是不相容的几何学，而是一种可选择的几何学。

尽管高斯认为新的几何学是很有价值的，但也许由于他是大数学家了，他并不急于发表这种新的研究成果。特别是，这样的几何学很可能是难以被人理解的，并且难免遭到人们的非议。如果人们发现大数学家只是在研究这样"无聊的"数学问题，那么他们会怎样看待他呢？于是，出路只有一条——把它们隐匿起来！

由于高斯是大数学家，许多数学家（包括业余数学家）总是喜欢让高斯为他们"鉴定"一下自己的研究成果。有趣的是，高斯发现，另辟蹊径证明第5公设的大有人在。对于这些独立于自己的研究成果，高斯虽然不否认其研究意义（如果否定的话，就连自己也否定了），但也不进行鼓励。特别是，高斯不愿意由于第5公设的问题而把"马蜂"招到自己的头顶上，他要求通信人为自己保密。"因为我惧怕在我大声讲出我的观点之后，会引起维奥蒂亚人的鼓噪。"这里的"维奥蒂亚人"的意思是一些缺乏想象力又不开化的愚人。但是，旧的习惯势力太强大了，尽管作为一名成就卓著的数学家，高斯富于创新，具有远见卓识，但在旧势力面前却显得非常的胆怯，缺乏革命的勇气。特别是要高斯站出来宣布，这2000多年来人们证明的是一条不可证明的公设，这肯定是会招来一群又一群的"马蜂"的。

对于高斯的怯懦，后人曾明确地指出："尽管公认高斯至少是牛顿以后的最大数学家，但与其说他是一个革新者，倒不如说他是从18世纪到19世纪的过渡人物。虽然他得出了一些新的观点，的确吸引着其他的数学家，但他面向过去更甚于未来。"

● 弯曲空间

在非欧几里得几何空间中，人们可以发现许多有趣的现象。然而，要弄清楚这其中的许多现象和原理，的确不是一件容易的事。

非欧几里得几何空间是弯曲空间，由于我们不能（至少是现在不能）跳出我们生活的三维空间去看看我们的空间是平直的还是弯曲的。为了对三维的弯曲空间加以理解，我们仍要借助类比。我们不妨变成一只不会飞的蚂蚁，它只能在一个面上爬行。可是这个面是平坦的，还是弯曲的呢？蚂蚁怎样判断呢？

假如蚂蚁懂得几何，它可以在这个面上画一个三角形，再分别量取它们的角度并求和。具体的作法是：

假如三个角之和等于180度，这就是一个平面；

假如三个角之和大于180度，这就是一个球面；

假如三个角之和小于180度，这就是一个类似马鞍的曲面。

既然蚂蚁能利用这样的办法在二维空间确定自己的空间性质，那么，这种方法也可以用在三维空间性质的判断上。当三角形内角和为180度，这个空间就是平直的空间；当三角形内角和大于或小于180度，这个空间就是弯曲的。如果我们像高斯那样在地球表面画一个三角形，然后量取它的三个内角并求和，就会发现它的值大于180度。到金星或火星做类似的事情，也会得到类似的结果。

● 与"二维人"的对话

据说，有一个人到了一个不同于我们的现实世界——二维世界。在那里，他遇到了另一个人，并与他进行了交谈。为了方便，二维世界的主人，我们称为"二维人"，来自另一个世界的人称为"陌生人"。

"二维人"发现来自三维世界的"陌生人"时，能看到三维人的投影，而且他的投影是变化的。这也许就像我们生活在三维世界里听说的"鬼影"。"二维人"还抚摩了一下"陌生人"，而后他们就开始了谈话。下面我们就听听他们说了些什么。

陌生人：现在你该摸够了吧？可是你还没有自我介绍呢！

二维人：尊敬的阁下，请原谅我的唐突，这不是因为我不懂得文明社会的礼仪，而只是由于我的惊奇和紧张。您的来访实在是太出乎我的意料了。我恳求您的原谅。在交谈之前，我的一些好奇心也希望得到满足——您来自何方呢？

陌生人：我来自空间。"来自空间"的意思，您明白吗？

二维人：不很明白，我们现在不就在空间内吗？

陌生人：不对，不对。什么是空间，您能给出一个定义吗？

二维人：空间就是无限延伸的长和宽，对吗？

陌生人：看来，你以为空间只是二维。我再告诉你一个第三维——高。

二维人：您不是在开玩笑吧！我们也用"高"这个术语，并且与"厚"一起用。它们分别对应长和宽。

陌生人：这不是说法的问题，而是在二维之外还存在第三维。你明白吗？

二维人：我不知道什么是第三维。如果真的存在第三维，请您明示。

陌生人：第三维就是我所来自的方向，或者说是上和下的方向。

二维人：这就是说，我的头或足的方向，是吗？

陌生人：不是。我生活在三维的空间。在我们的世界中，要人们想象第四维的空间也不是一件容易事，就像你们想象第三维一样难。

二维人：你说的，我有些明白了——想象第三维是非常困难的。不过，对你是很容易的，是吗？

陌生人：对。我从第三维看你们的世界，可以看到你们很难看到的东西。比如，你的内脏，你箱子内放的东西，你吃的饺子里的馅等等。当然，处在第四维空间的人也能像我看你们一样来看我们的世界。反过来，让你想象第三维或具有第三维应是什么样，也会像让我们想象第四维或具有第四维应是什么样子一样的困难。

陌生人还讲了一些几何的例子，可二维人就是听不懂。二维人还非常生气，把陌生人赶出了二维国。的确，我们在想象四维国的情况时也面临这样的困难，也许你也会将四维国来的"陌生人"赶走呢！

四、爱因斯坦发现"新大陆"

1905年是科学史上极不平凡的一年。在这一年里，爱因斯坦建立了他的著名的狭义相对论，提出了光量子假说。然而，这并未使爱因斯坦止步。这位伯尔尼的专利员又对狭义相对论做了进一步的扩展。他的这些成就使他成为了20世纪最伟大的科学家。

● 普朗克的鼓励

从1905年开始，爱因斯坦，这个不断出现在物理学杂志上的名字开始引起了人们的注意，尤其引起德国著名物理学家普朗克的注意。据说，普朗克曾访问过伯尔尼大学，他对学校领导说道："瑞士教授联合会中竟然没有爱因斯坦，这使我惊奇。"这样，1908年，爱因斯坦担任了伯尔尼大学的"编外教师"。1909年，爱因斯坦离开了专利局，应聘于他的母校——苏黎世联邦工业大学任副教授。第二年，布拉

普朗克与爱因斯坦在交谈

格大学有了理论物理教授的缺位，爱因斯坦被推为候选人之一。这所大学当时属于德国，德国教育部长曾就爱因斯坦担任该校的教授向普朗克咨询。普朗克对部长说："如果爱因斯坦的理论被证明是正确的——这个，我想没有问题——那么，他将被认为是20世纪的哥白尼。"

爱因斯坦担任布拉格大学的教授之后，他应邀参加了在比利时首都布鲁塞尔召开的第一届索尔维会议。这是比利时"制碱大王"索尔维出钱资助的学术会议。

有18位著名科学家参加了这次会议。会上，普朗克同爱因斯坦谈到了量子论。普朗克对爱因斯坦说："我应当首先感谢您在我最困难的时候对我和这一幼弱的理论给予了极关键的支持，并且阐述得比我自己更深刻、更完善。"这里的"幼弱的理论"是指普朗克于1900年提出的量子论。普朗克还鼓励爱因斯坦继续对量子论进行深入的研究，并且对爱因斯坦说道："爱因斯坦先生，您的聪明智慧胜过我十倍，为什么您不全力以赴在这个理论上再做贡献呢？"对此，爱因斯坦有自己的看法，他认为自己在狭义相对论上的研究还是初步的，还有大量的工作要做。特别是狭义相对论还没有涉及引力问题。

说到万有引力，前面谈到牛顿时代的一批科学家做出的贡献。万有引力理论对宇宙天体研究提供了重要的指导。除了像哈雷彗星的发现、海王星的发现都是牛顿引力的重要成果之外，牛顿引力理论还很好地解释了像潮汐现象和物体下落等自然现象。然而，爱因斯坦认为，以前的引力仍是不完备的，也应改造成"相对论性"的引力理论。因此，普朗克的"鼓励"并未使爱因斯坦转向量子理论方面的研究，而是继续进行相对论的研究。

● 厄缶的实验

过去的科学家们使用两种质量概念，一种质量用来说明一物体受到别的物体的"吸引"的情况；另一种质量用来说明物体在一定的力的作用下，质量大的物体不易改变运动状态，这表明物体的惯性较大。这样，科学家们就对两种质量做了区别，即反映物体吸引或被吸引情况的质量叫作"引力质量"，而将表示物体惯性大小的质量叫作"惯性质量"。

科学家们还发现，这两个质量的数值往往存在一定的差别，许多科学家都对此进行了精确的测量。

最早对引力质量和惯性质量进行测量的是牛顿。牛顿的实验实际上是一个单摆实验。他用不同的材料作单摆的摆锤，比较它们的摆动周期。牛顿的实验结果表明，惯性质量和引力质量几乎是相等的。这样，牛顿在创建力学理论体系时，就不对惯性质量和引力质量加以区别了。

牛顿的实验精度达到了千分之一。100多年后，科学家们又重复了牛顿的实验，精度达到了十万分之一。又过了将近100年，科学家们再次重复了牛顿的实验，精度达到了百万分之一。实验表明惯性质量和引力质量相差很小。

由于单摆实验存在较大的误差，匈牙利科学家厄缶对此进行了改进。

厄缶1848年出生于匈牙利的一个世袭的贵族家庭，后来他也被称作"厄缶男爵"。上大学时，厄缶学的是法律和政治，因为对数学和物理感兴趣，后来他就转到了德国的海德堡大学，跟随一些著名的科学家学习。厄缶的老师对实验精度要求很高，这对厄缶有很大的影响。厄缶学成后回到了匈牙利的布达佩斯，后任布达佩斯大学的教授。

厄缶最初的工作是研究毛细现象，但到了19世纪80年代，匈牙利的科学家们将工作重点转向了测量各地的重力加速度，这也将厄缶吸引到了引力的研究上。厄缶研究了测量万有引力常数的方法，并将改进后的方法用于地球物理勘测。此外，他还将这种方法用于测量惯性质量和引力质量。不久，他测量的精度达到了一亿分之一。1909年，厄缶因此获得了德国格丁根大学的本纳克奖。厄缶死后，厄缶生前测量的结果再次发表，其精度达到了十亿分之一。

厄缶的装置是一种叫作"扭秤"的装置。它可以同时测量一种物质的惯性质量和引力质量。这种实验的原理很简单，但测量结果却非常精确，达到了当时的最高水平。

在厄缶之后，其他一些实验室也进行了重复的实验，并不断提高实验精度。20世纪60年代，美国科学家测量精度达到一千亿分之一；70年代，苏联科学家的测量精度达到十万亿分之一。这些实验表明，惯性质量和引力质量是相等的。然而，它又具有什么意义呢？

● "升降机"实验

为了表明惯性质量和引力质量的性质，以说明引力与加速度的关系，爱因斯坦设计了一个有趣的"升降机"实验。

乘电梯，这对现在的城市居民来说是很平常的事。当你站在电梯内，升降机将电梯送上或降下，多数人没有注意到电梯中发生的事情。其实，当速度发生变化时，我们会感到一种无形的"力"加在我们身上。然而，这时谁会想到加速度与引力的关系呢？

一般来说，当你站在电梯里，一不小心，手中的钥匙链掉下来，由于重力的作用，钥匙链自然是向下落到电梯的地面上。

当我们乘的电梯是挂在一架宇宙飞船下面时，随着宇宙飞船的飞行，我们远离太阳系而进入了外层空间。我们发现，这时的引力作用基本上消失了。你不小心，钥匙链脱手，钥匙链并不会"向下掉"，它好像停在原来的位置。但宇宙飞船突然加速时，脱手的钥匙链还是会"向下掉"。

由此我们发现，在重力作用下和在向上加速时，脱手的钥匙链都是"向下"落去。那么，在这种情况下，钥匙链"向下"落去是引力在起作用呢？还是加速度在起作用呢？我们无法区分。这也就是说，引力作用和加速作用所起的作用是一样的，它们是等效的。

升降机实验可以看作是爱因斯坦设计的一个巧妙的实验。这种实验是无法实际进行的，所以被称作"思想实验"。这是一种利用逻辑推理来说明物理思想的"实验"，因而又被称作"思维实验"。

借助"思维实验"和厄缶实验，爱因斯坦发现了引力作用与加速度的作用是相等的，并且被称作"等效原理"。这是爱因斯坦的广义相对论基础之一。这一思想是爱因斯坦于1907年提出来的，爱因斯坦说，这是他"一生最愉快的思维"。

我们都知道，描述物体运动时要用到参照系。所谓惯性参照系是建立在静止或做匀速直线运动的物体上，而加速参照系是非惯性参照系。由上面的实验我们知道，加速参照系与万有引力场是等效的。等效原理是爱因斯坦最早提出的，但这种"等效"的自然现象并非是爱因斯坦第一个陈述的。

早在300年前，意大利科学家伽利略在研究落体现象时就对等效原理有了初步的认识。伽利略认识到，在真空中，物体无论轻重，它们下落的速度是一样的。这也就是说，在地球引力场中，物体以相同的速度下落。也可以说，自由落体的加速度是一样的。

由此可见，新的相对性原理比狭义相对性原理更进了一步。为了区别起见，新的相对性原理被称作广义相对性原理，这也是广义相对论的基础之一。

● 几何学是物理学的分支

有人将广义相对论称作时空几何学，这种说法是有一些道理的。为什么这么说呢？从爱因斯坦的"升降机"实验可以知道，我们对曲线运动观察时，是无法区分引力和加速度的。既然不能区分，我们不妨将"神秘"的引力去掉，只谈运动的加速度。

在谈到行星的运动时，我们可以发现，行星只受到太阳的吸引力（忽略掉其他行星很小的吸引力），这使得行星在接近圆的轨道上运行。然而，按照等效原理，爱因斯坦认为，从整体上看，引力是不可测量的，我们看到的只是行星运动的轨迹。行星轨迹并非引力作用的结果。从时空几何学的角度讲，空间并不是平直的欧几里得空间，而是服从于非欧几里得几何的弯曲空间。确定空间的弯曲状况要归因于空间中物质的分布，这些物质包括恒星、行星、彗星、星际尘埃、光线、红外线、γ射线等。也就是说，宇宙中物质分布确定着空间的弯曲程度。不过在质量很大的天体周围，空间弯曲的程度大一些，像太阳周围就可以发生明显弯曲，而行星周围的弯曲程度就不太明显。因此，光线在太阳引力场作用下发生弯曲，这句话可以换成一个等效的说法，光线在弯曲空间的两点间距离最短的短程线上行进。这并不违反光线沿最短距离传播的说法。

弯曲空间是较为抽象的概念，它是什么样子呢？我们不妨举一个橡皮板的例子来说明。我们找来一块1米见方的橡皮板，在板上（比如说中心处）放一个小铅球，橡皮板就会发生变形。这种变形就像一个二维的弯曲空间。如果放一个重一些的铅球，可以发现橡皮板变形得会更厉害些；放一个更重的铅球，橡皮板变形还要厉害些。由此我们大致可以看到，物质对空间弯曲程度的影响。

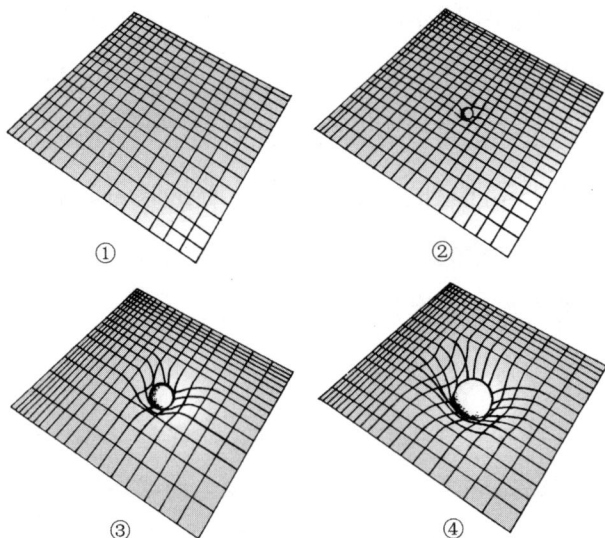

天体的引力对空间造成的弯曲就像铅球使橡皮板弯曲一样

①橡皮板 ②放一个小铅球 ③放一个

大一些的铅球 ④放更大的铅球

同理，我们找来一块10米见方或100米见方的橡皮板，我们可以发现，在物质周围的空间弯曲得厉害些，离物质较远的地方，空间弯曲得差一些。像100米见方的橡皮板，边缘处的弯曲程度很小，以至于我们可以将它们看作"平板"。这就是说，在远离物质的地方，或物质分布近乎为零的地方，其空间可以近似看作是平直的欧几里得空间。

我们看一下光线在太阳周围的路径：用力学的说法讲就是，光线在太阳引力场的作用下，应该沿直线传播的光线发生了偏折；而用几何学的说法讲就是，太阳质量使它周围的空间发生了弯曲，但光线仍沿"直线"传播。从前面我们谈到的知道，弯曲空间中的"直线"实际上是短程线。

由此可见，由于我们生活的地方，弯曲空间并不明显，我们处理的空间仍可以看作是欧几里得空间。所以，不要以为我们知道了弯曲空间，欧几里得几何的学习就成为多余的了。实际上，迄今为止，像发射航天器到太空，我们利用的空间知识仍是欧几里得几何相关的知识。

对于牛顿力学中的惯性定律，青少年朋友们几乎一开始学习物理时就会学到它。上面说过，在没有外力作用时，物体具有一种保持静止状态或匀速直线运动状态的性质，这就是物体的惯性。

由于爱因斯坦取消了引力，并代之以弯曲空间的几何效应，原来的惯性定律就成为了唯一的运动定律。所有的物质都做惯性运动，它们完全自然地沿着时空内的短程线运动。由此可见，惯性参照系与其他参照系在物理学上没有什么区别，只是在几何学上有些区别。这样，在广义相对论中，物理学定律都一样，所有物体的运动都是惯性运动。

● "圆桌会议"上的发现

弯曲空间与广义相对论有什么相干呢？爱因斯坦经过认真的思考，他发现，当存在引力场时，空间的性质就不符合欧几里得空间的性质了。

许多科学家在研究这个问题。由于在研究一个新问题时，大家都搞不明白，每个人都是"学生"，在这里资历已不起什么作用了。所以按照政治家们的惯例，开一个"圆桌会议"吧！

空间会变？

空间并不是绝对的

有的人提出了直径与周长比的问题。在一表面（不一定是平面）上画一个圆，而后量取它的直径与周长，假定周长与直径的比等于3.14，那么毫无疑问这个面一定是平面；假如周长与直径的比小于3.14，那么这个面一定是球面；假如周长与直径的比大于3.14，那么这个面一定是马鞍面。这时爱因斯坦提出了一个有趣的实验。他指出，假定有一个大圆盘，它以匀速旋转，一个人在大盘子上，他用一把尺分别测量这个盘子的直径和周长。当他测量圆周长度时，他发现圆周长度比静止时要长一些。他知道，这是由于"运动尺度缩短"的效应造成的。这样得到的结果就是周长与直径比大于3.14。这时的大盘子已不再是平面的了，而变成了马鞍面。为什么会发生这种情况呢？测量人这时发现了一个现象，他注意到一种离心的引力场的存在。在这里，引力场的存在使得空间发生了转变。也就是说，引力场使得空间发生了弯曲。

话虽如此，引力场决定的空间几何具有什么性质呢？

在创立广义相对论时，爱因斯坦对引力场所决定的几何性质进行了研究，并且回想起在上大学时所学的非欧几里得几何。但是，爱因斯坦对这些知识并不熟悉。这时是1912年，爱因斯坦从布拉格大学回到了苏黎世联邦工业大学。在这里，他可以向他的大学同学格罗斯曼请教。在研究时，他们两人是有分工的，数学部分由格罗斯曼承担，物理部分由爱因斯坦承担。

格罗斯曼大学毕业后留校任教，他还帮助爱因斯坦在专利局找到了工作。可见两人间的友谊是很有基础的。这次合作研究广义相对论也是富有成果的。但整个研究是极其艰苦的，他们是在黑暗中摸索着前进的。爱因斯坦后来回忆说：他们"怀着热烈的向往，时而充满自信，时而精疲力竭，而最后终于看到了光明——所有这些，只有亲身经历过的人才能体会"。到1915年时，他们终于取得了重大突破。

从理论上讲，物理空间是在巨大质量星球附近变得弯曲了，质量越大，弯曲得越厉害。如何检验这种引力场引起空间弯曲的效应呢？我们可以在"圆桌"上钉3个钉子，而后用绳子连接，形成一个三角形。在三角形当中放一个铅球，结果我们并未发现铅球形成的引力场对绳子产生什么明显的作用。显然，这是由于铅球太小的缘故。我们可以在一座大山周围钉3个铁桩子，而后在桩子上拴上绳子，构成一个庞大的三角形。我们可以再次测量这个三角形的内角和，看看爱因斯坦的理论是对还是错。遗憾的是，借助这样的做法测

围绕大山的绳子是否发生了弯曲呢

量出的三角形的各内角数值仍不够理想，原因是山体还不够大，它的引力仍不足以使周围的绳子发生显著的弯曲。

我们还要找更大的山，其实"更大的山"仍是不够的，因为即使是用地球作这座大山也还是不够的。这就产生了另一个困难：我们到什么地方寻找这样的绳子？爱因斯坦想到了光，就像高斯做的那样。

● 光线弯曲的设想

广义相对论也像其他物理理论一样，它来自于实验，如惯性质量与引力质量相等，又要受到更多的实验的检验。为此，爱因斯坦提出了3项验证。这就是水星近日点进动、谱线的引力红移和光线在引力场中弯曲。下面我们看一看光线在引力场中弯曲的验证。

实验是这样的：先挑选两颗恒星，它们分别位于太阳的两侧，而后测出这两颗恒星的夹角。太阳离开后，再重新测两颗恒星的夹角。由于太阳有很大的质量，它可以使它周围的空间发生弯曲。当光线经过太阳周围时，光线也会受到太阳的强大的引力作用，使光线偏离原来的路线。根据理论测量的结果应是，先测的夹角大于后测的夹角。遗憾的是，在通常的条件下，这样的实验无法进行，因为阳光太强烈了，在白天我们根本无法看到天上的星光。如果要想在白天看到星辰的光线，只有在日全食时才能做到。

正如上面谈到的，普朗克十分欣赏爱因斯坦的才能。普朗克认为，爱因斯坦出生在德国，现在应该从瑞士回到德国，为德国的科学事业做贡献。但是，他也知道爱因斯坦的脾气，尤其是爱因斯坦很讨厌德国人的"忠君爱国"思想，讨厌他们的军国主义和妄自尊大的精神。要想说服爱因斯坦回德国的确不是一件容易的事。为此，普朗克很是动了一番脑子。他决定到苏黎世走一趟，以表明"礼贤下士"的风度，同时又放出诱人的"钓饵"。

首先，普朗克要爱因斯坦担任正在筹建的物理研究所所长。当然，这样的所长只是荣誉，可以不管所里具体的事务。其次，让爱因斯坦当选科学院院士。一般的院士是无薪水的，院士只是一种荣誉头衔，但爱因斯坦担任的是实任院士，而且月薪为12000马克。最后，柏林大学聘他为教授，这个教授只有讲课的权利，没有讲课的义务，讲不讲、讲多少都可以。

这一招果然奏效，爱因斯坦不能不动心，但有一个遗憾，爱因斯坦的夫人不愿意去。因为爱因斯坦的夫人是斯拉夫人，而德国人看不起斯拉夫人，斯拉夫人也看不起德国人。爱因斯坦夫人是斯拉夫人，她不喜欢德国人，也不喜欢德国的生活方式。为此，爱因斯坦只得独自去柏林了。

1915年，爱因斯坦得到了新的引力理论。这是不同于牛顿的引力理论。1916年，爱因斯坦与格罗斯曼发表了《广义相对论基础》。这时，第一次世界大战正在激战之时，爱因斯坦提出的实验方案无法进行验证。为了交流，他将文章寄给了中立国荷兰的一位天文学家，而后这位天文学家又转寄给英国著名天文学家爱丁顿。

爱丁顿一眼就看出了爱因斯坦文章的价值，经过爱丁顿的宣传，爱因斯坦的理论引起了英国天文学界的高度重视，因为这毕竟是经过200多年后首次向牛顿引力理论挑战的人。

● 来自敌国的验证

光线在引力场中的弯曲实验引起了爱丁顿的浓厚兴趣，而且他主张进行实验验证。当然，爱丁顿的主张也受到了许多人的反对。这也难怪，因为这时英国和德国正在交战，英国人恨死了德国人。德国的潜艇击沉了英国大量的舰只，英国人凭什么要花大量的钱财去验证来自敌国的理论呢？其实，英国人不能将德国人一概而论。在战争期间，对德国的战争贩子，爱因斯坦是公开批评的，而这在德国是极其少见的。爱丁顿也是一位和平主义者，他认为，在科学研究上不应抱有政治上的敌意。尽管战争尚未结束，爱丁顿却准备去验证爱因斯坦的理论，准备于1919年5月29日发生日全食时验证爱因斯坦的理论。爱丁顿的热情也感染了英国皇家的天文官戴逊。为此，戴逊决定派出两支观测队伍，一支去非洲西部的普林西比岛，一支去南美洲的索布腊尔。前者由爱丁顿亲自率领，后者由天文学家克劳姆林率领。

到1919年3月，在英国格林尼治召开的出发前的会议上，爱丁顿坐在沙发上，眼睛凝望着墙上的牛顿画像。爱丁顿的助手为使会议气氛活跃些，就开玩笑道："要是我们观测到的观测角不是0.87秒，也不是1.7秒，而是3.4秒，那会怎么样呢？"

爱丁顿的助手在观测上的确可称得上是把好手，但他认为，爱丁顿对爱因斯坦的敬佩也许有些过分了。在他看来，广义相对论只是一件美丽的衣服，但对天文学家却不一定合体。空间也会弯曲，是不是有些太"玄乎"了呢？爱丁顿听得出来，助手的话中揶揄的口吻显然是针对爱因斯坦的。然而，戴逊却认真起来，他说道："那爱丁顿就要发疯了，你一个人回来吧！"

第二天，两支队伍同时出发，各自奔向自己的观测地点。爱丁顿的观测队是于1919年4月23日到达普林西比岛的，并且立即紧张地投入准备工作。他们预计，如果天气好，他们利用照相的办法，至少可以清晰分辨13颗亮星。看看光线到底会不会在经过太阳旁边时发生偏折。

天有不测风云。5月29日一大早，倾盆大雨从天而降。这怎么进行观测呢？爱丁顿来回地踱步，脸色看上去比天气还难看。他的助手却不以为然，甚至多少还有点儿幸灾乐祸呢！心里说起怪话："谁让你带着我们到这里验证德国人的理论呢，这也许是活该吧！"

到了中午，雨总算停了，但阴沉的云层还未散去，太阳隐藏在其后，不肯露出真容。看样子，两年的辛苦准备就要付诸东流了。当然，爱丁顿是不死心的。当天色暗下来时，好像夜幕降临，日全食发生了。他们抓住这个机会不停地拍着。日全食只有30秒钟，他们拍下了16张照片。

照片拍得怎么样？回伦敦再看，已等不及了。爱丁顿在

实验证明光线在太阳附近果然发生了偏折

岛上就开始冲洗，并且将冲洗后的照片与伦敦带来的照片进行比较。爱丁顿发现，这16张照片中，只有一张照片上的13个"点"（这些点就是恒星的像）清楚地发生了偏离。这说明，恒星光线在经过太阳附近时发生了偏折。

● 新思想的诞生

回到英国后，两个观测队要报告他们的观测结果。皇家学会和皇家天文学会联合举行报告会。在会场上，皇家学会会长、电子的发现者汤姆逊首先致辞。他说道："爱因斯坦的相对论是人类思想史上最伟大的成就之一——也许是最伟大的成就……这不是发现一个孤岛，这是发现了新的科学思想的新大陆。"戴逊代表两支观测队发言，报告他们的观测结果，即日食观测的数据与爱因斯坦的预言非常吻合。他讲到，空间的确是弯曲的，牛顿为我们描绘的宇宙图景应该改变了。

应该说，爱因斯坦提出的效应是很微弱的，但推导这些效应的数学公式却是令人生畏的。人们在最初的研究时不免有些疑惑，但爱因斯坦对此却充满信心，因为爱因斯坦认为，他的理论基础是合理的，理论具有一种内在的和谐。当英国人证实了爱因斯坦的理论时，人们都发表了优美的赞语，一时间，爱因斯坦成了家喻户晓的人物。然而，爱因斯坦对此却无动于衷。他的一位学生当时正在爱因斯坦的家里，这位学生后来回忆道："他突然打断讨论……伸手把放在窗栏上的一封电报取来递给我说：'看一看吧，你也许对这有兴趣。'这正是爱丁顿发来的日食考察结果的电报。当我看到考察结果恰与他的计算一致而感到兴奋的时候，他毫无所动地说：'我知道这个理论是正确的。'我问他说，假使他的预言没有得到任何证实，那将怎样呢？他答道：'那么，我将为亲爱的上帝感到遗憾——这个理论是正确的。'"

爱因斯坦对新闻炒作是没有兴趣的，但出于向公众普及新的科学知识的需要，爱因斯坦还是为伦敦的《泰晤士报》写了文章。在末尾处，爱因斯坦加了一段附言，他写到：

你们报纸上关于我的生活和为人的某些报道，全然是出于作者的活泼想象。为博得读者们一笑，下面我举出相对性原理的另一运用，今天我在德国被称为"德国的学者"，而在英国被称为"瑞士的犹太人"。若是我命中注定将被描绘成一个最可厌的家伙，那么事情就会反过来了：对德国人来说，我将变成"瑞士的犹太人"，而对英国人来说，则变成了"德国的学者"。

我们在此也要附上一段"附言"，以说明验证光线弯曲的"戏剧性"。

早在1911年，爱因斯坦已经计算出光线在太阳表面的偏折，但偏折角不是1.7秒，而是不及它的一半——0.83秒。为了验证它，德国天文学家弗劳因德利希决定在1914年8月的日全食时进行观测。这一次日全食发生在俄国的克里米亚半岛。

当弗劳因德利希到达克里米亚半岛时，第一次世界大战爆发了。奥地利、南斯拉夫、德国、法国、意大利、俄国相继卷入战争，而在俄国的克里米亚半岛的德国科学家成了最早的牺牲品。他们被作为"间谍"而被捕，仪器也被没收了。后来是作为战俘交换而回到德国的。1915年，爱因斯坦提出新的引力方程，并重新进行了计算。光线经过太阳附近的偏折角更正为1.7秒，而战后英国人的观测结果是符合这一数值的。

爱丁顿等人的观测只是初步的，为了精确地进行测量，除了天气不好的原因，这种观测在日全食时大都要进行观测。

其实光波只是电磁波的一部分，光波的反射、折射、直线传播等性质，一般的电磁波也具备。为此，人们选用无线电波进行实验。用无线电波观测还有一个好处，这就是人们不必苦苦等待罕见而短暂的日全食，因为微弱的星光总是被淹没在太阳光中，但阳光却不能对无线电波产生干扰。人们可以利用星空中恒星辐射的无线电波进行观测实验。从20世纪60年代末到70年代，人们每年都进行一些观测。随着无线电波的测量精度提高，测量的结果也越来越接近广义相对论的数值。以1974年和1975年的测量数据为例，测得的无线电波偏折角为1.761秒，而误差只有0.016，还不到2%。

1919年12月14日，《玻璃门新闻画刊》刊登了爱因斯坦的照片，载文介绍了爱因斯坦的事迹。文章称"世界史上的伟大新人物，阿尔伯特·爱因斯坦，他的研究成就预示着将对我们关于自然的概念做一次全面的修改，他的成就可以与哥白尼、开普勒和牛顿所具有的深邃洞察力媲美"。《伦敦时报》也宣布："科学上的革命……宇宙的新理论……推翻了牛顿的想法。"

● 怪异的水星运动

人们对行星的认识，到1781年时已取得了重大的突破，这就是天王星被赫歇耳所发现。新行星的轨道远远超过了旧有的太阳系"边界"，几乎将太阳系"围栏"向外移动了一倍的距离。19世纪，人们又开始研究天王星"出轨"问题，认为在天王星外侧还应有一颗未知的行星在"作怪"。经过观测，人们果然发现了这颗大行星——海王星。这可以看作是牛顿引力理论的辉煌胜利。然而，离太阳最近的水星也有些怪，这又是谁在"作怪"呢？

我们知道，行星运动轨道是椭圆形的。椭圆的半径有一定变化规律。它的长轴和短轴是两个重要的数据。水星轨道的主要特点是，它不是一个严格的椭圆。水星每次绕太阳旋转一圈后，椭圆的长轴也随之有一点转动。这种长轴的转动叫作"进动"。为了说话的方便，我们以水星的近日点为标准，并将长轴进动称之为近日点进动。

水星的进动是非常缓慢的，100年才转动1度33分20秒，或者说是5600秒。这样算来，每年的进动仅仅是55.8秒，还不到1分。水星进动的原因主要是太阳引力的作用，此外还有各个行星引力的作用。但是如果各种引起水星轨道近日点

水星上并没有水

进动的因素都考虑到，水星总的进动量每100年也只有1度32分37秒，或5557秒，这与上面的观测值仅相差43秒。每100年差43秒，每年还不到半秒，应该说这个差值很小。然而，这样小的值也是科学家们所不能忽略的。许多科学家对此进行了研究。法国科学家勒威耶也对此进行了研究，他像发现海王星一样，认为水星内侧存在着一颗未知的小行星。但直到今天，人们还未发现这颗小行星。

水星近日点进动问题反映着牛顿引力理论是有问题的，但问题不大，每100年也不过区区43秒的差值。然而严谨的科学家并不这样看，这43秒的差值不能不说是牛顿引力理论的一点缺憾。

然而，爱因斯坦借助广义相对论进行的研究，所得到的值与观测值符合得很好。其实，不仅是水星存在轨道的进动问题，其他行星也存在进动问题。根据爱因斯坦的广义相对论计算，它们与观测值吻合得很好。

对于水星近日点进动的研究，爱因斯坦取得了成功，这使他非常兴奋。他在给一位朋友的信中写道："方程给出了水星近日点进动的正确数字，你可以想象我有多么高兴！有好几天，我高兴得不知怎样才好。"

● 进一步的验证

关于广义相对论的实验验证，还有一个是理论对光谱线在引力场中向红端移动的预言，简称"引力红移"。

对于光谱的研究，牛顿最早对太阳光谱进行了系统的研究。但是这种连续分布的光谱是分子光谱，为了观测的方便，我们这里只讨论不连续分布的光谱，这往往都是一些分立的、宽窄不一的光谱线。这些光谱线与一些化学元素相对应，我们可以借助这些光谱线了解遥远恒星的成分。

根据广义相对论，引力场可以使时钟变缓，因此在原子中，电子振荡会变慢，辐射的光也会变化，光谱线发生向红光一端移动。光谱线的这种移动是在引力作用下发生的，所以叫作"引力红移"。

引力红移现象是在1924年被观察到的，主要是观察太阳谱线的红移。由于太阳谱线移动的原因很复杂，这给实验检验带来了很大的困难。直到20世纪50年代末，在实验技术取得很大进步之后，在60年代才得到了较为确定的结果。

上面说到，时钟在引力场中会变慢。为此在20世纪50年代，人们开始研制高精度和高稳定度的时钟。到60年代末70年代初，研制取得了重大进展，为引力红移实验打下了基础。

时钟引力红移实验一般分两种：一种是环球实验，另一种是轨道实验。

环球实验是用飞机运载时钟环绕地球飞行一周或几周，而后将运载时钟同地面时钟进行比较。

轨道实验是用火箭或卫星装载时钟飞行，利用地面接收系统接收在轨道上运行的时钟发回的信号，也与地面的时钟进行比较。

1974年，人们进行了环球实验，一架携带4台铯原子钟的飞机在接近赤道平面内的轨道上向东向西各飞行了3周，最后得到了较好的结果。1977年，人们又用铷钟取代铯钟进行实验，实验精度又提高了5倍。

20世纪60年代中期，美国科学家进行了轨道实验。他们利用美国一颗商用卫星做实验，实验使用的是高稳定度的晶体钟。实验结果达到了很高的精度，与用铷钟的环球实验精度是一样的。到70年代中期，美国科学家又进行了轨道实验。这次是在"探索号"火箭中安装"氢钟"，让火箭沿垂直方向上升到10 000千米的高空，而后降落到地面上，实验精度达到了十万分之一。这些实验均证明，时钟在引力的作用下的确会变慢。

光线弯曲、水星运动、动钟变慢这三大实验的验证，给爱因斯坦带来了极大荣誉，然而，爱因斯坦仍然非常谦虚。有一次，他的小儿子爱德华问他："爸爸，你到底为什么这样有名呢？"孩子可能觉得"有名"是很"好玩"的。爱因斯坦不会觉得很"好玩"，尽管儿子的幼稚是有些好玩。他拿起孩子正在玩的大皮球，意味深长地说："你看，有一只瞎眼的甲虫在这个球上爬行，它不知道自己所走过的路是弯的。很幸运，你爸爸知道。"这就像苹果落地现象，千百万人都看到过，可谁去追究它为什么落地呢？

五、观测宇宙的射电"窗口"

人们最早认识的电磁波是光波，它是我们获得光明的物质载体。但光波在电磁波中只占极小的一部分。除了光波，无线电波是人类最早利用的波段，它也被称作"射电波"或简称为"射电"。1894年，意大利发明家马可尼成功地将无线电用于通信，从此人类进入了通信时代。

● 央斯基的偶然发现

无线电技术提高了信息传递的速度，但在早期的无线电通信中，常常有一些"无名干扰"影响无线通信的质量。为了改善无线电通信的质量，20世纪30年代，美国的贝尔电话实验室专门建造了接收机和天线，对无线电技术展开了深入的研究。他们建造的天线是一个长30米、高近4米的阵列，这个天线每20分钟旋转一周，所以人们将它称作"旋转木马"。

参加这项研究的工程师中，有一位名叫卡尔·央斯基的年轻人。他刚从大学毕业不久，一直钻研无线电通信技术问题。在研究通信中的噪声问题时，央斯基发现接收到的噪声中，有一种"咝咝……"声。这种"咝咝"声几乎是日复一日地精确重复着。这是一个非常奇怪的噪声，使人联想到"天使的悄声细语"。由于无线电波常常被称作"射电波"，所以这种无线电干扰也被称作"射电干扰"。后来，央斯基经过研究发现，"咝咝"型的射电干扰是来自银河系中心的射电辐射。

央斯基的发现本来是平常的发现，却立即引起了轰动，许多人认为，这可能就是宇宙中的"智慧人"发出的"电

引起轰动的"火星人"

报"。报纸在大肆炒作，在"火星人在发无线电报"的大标题下刊载出新闻记者绘声绘色的报道。他们写道："一些科学家正忙着设法把那些从理智生物得来的无线电报破译出来，不久就可望与外星居民建立双向通信。"甚至有些人还建议，将这些信号加以放大，以便人们在收音机中就可以收听到外星人的无线电信号。但是，不久这些耸人听闻和捕风捉影的报道就销声匿迹了。

央斯基是一个严肃的科学工作者，他对这样的炒作是没有兴趣的。通信技术的问题多着呢，不久上级就派他转而研究其他的技术问题去了。不过，央斯基当时并没有意识到，他的发现已经打开了一个观测宇宙的新"窗口"，并导致了一个新的天文学分支——射电天文学的诞生。

● 业余天文学家的杰作

央斯基的发现引起了当时一位业余天文学家雷伯的注意。雷伯也是一位无线电工程师，他认为，遥远星系的射电信号十分微弱，用这样小的天线接收射电信号效果会很差，为此，雷伯要建立更大、更精巧的天线。

1937年，雷伯在一位铁匠的帮助下，在自家后院建立了一个直径接近10米的"大盘子"。这个新奇的天线看上去虽然并不十分好看，却可以称得上是世界第一架射电望远镜，

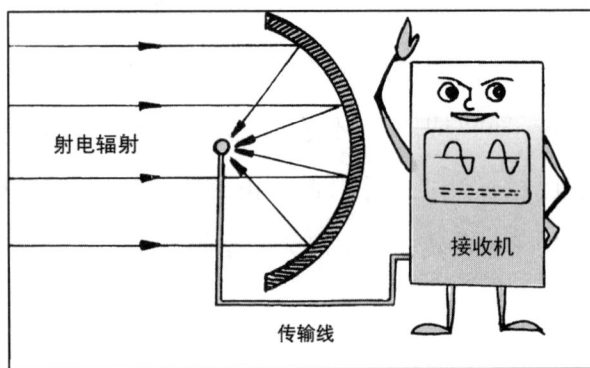

射电望远镜示意图

而且在第二次世界大战之前也是独一无二的射电望远镜。雷伯的研制工作，对射电天文学的发展产生了实质性的影响。

所谓"射电望远镜"实际上就是一架大天线，用来接收无线电波，它可以使我们了解远方星球的情况。

从1938年开始，雷伯开始对宇宙中的射电源进行观察。1939年，他发现了来自银河系中心的无线电波，并且这个无线电波比银河系中其他无线电波都要强大得多。此后，雷伯又相继探测了仙后座、天鹅座和金牛座的射电源。1940年，他还将观测到的射电源绘制成一张"射电天图"。此后15年一直未有超过这张图的新图出现。

20世纪50年代，雷伯先是在美国夏威夷建成新的射电望远镜，并绘制了新的射电天图，后来又在澳大利亚塔斯马尼亚岛进行编制射电天图的工作。

● 射电望远镜的发展

在长期的天文观测中，光学望远镜一直是唱"主角"的，对天文学的发展起到了极其重要的作用。但光学望远镜的缺点也是明显的，光学望远镜只能在晴朗的夜间观测，并且对周围环境的要求极为苛刻，甚至望远镜周围亮一些都不行。而射电望远镜就没有这样的问题，它可以"天全候"观测。

射电望远镜主要由天线和接收机组成，所以央斯基的装置也可以被看作是一架射电望远镜。射电望远镜所以被称作"望远镜"，原因是它的天线与光学望远镜中镜片的作用一样，后者用于接收光波，前者用于接收射电波。

射电望远镜天线的形状有一定的要求，通常都做成抛物面或半球面的形状，雷伯第一架射电望远镜的天线就是抛物面形状。因为这些形状的反射面接收的灵敏度高，可获得最好的接收效果。天线接收的信号再送到接收机中，进行放大和检测，并记录下来。如果想看看信号的"样子"，还可将它变成光信号显示出来，或被拍摄下来。

由于射电源的距离遥远，要接收到这样弱的信号，首先要有一架极其灵敏的和口径较大的天线。1947年，英国一位年轻的射电天文学家计划建造一架直径76米的大型抛物面天线，这个人就是洛弗尔。洛弗尔认为，英国的气候不好，对光学观测十分不利，"全天候"的射电望远镜就不同了，而且射电望远镜对天文学至关重要，这可促使英国天文学重新走在世界的前列。

洛弗尔一面筹措资金，一面加紧攻克一个又一个技术难关，特别是天线的旋转问题。他在别人的建议下，利用一架战列舰的炮塔架来旋转天线。经过10年的努力，终于在英国的焦德雷尔班克建成这架可旋转的巨大射电望远镜。不过，花费百万英镑建造这样的"大家伙"，当时对它的作用不十分清楚的公众的反对是十分强烈的。然而，射电望远镜建成的当年，恰好苏联第一颗人造地球卫星发射成功，76米的射电望远镜对卫星的跟踪和观察十分成功，公众的反对声自然也就平息了。这架新的望远镜的确对英国天文学的发展产生了推动作用，对世界射电天文学的发展也做出了重要的贡献。

利用可旋转的射电望远镜进行观测时，可很方便地跟踪目标。但是，制造这样的天线在工艺上的难度也是明显的。由于天线太大、太重，天线的形状难免要产生一些变化，这对观测是有影响的。这是不是意味着不能建造大口径射电望远镜呢？不是的。最简单的办法是不让天线转动，若天线不转动，就可以建造更大的射电望远镜。美国在波多黎各阿雷西博天文台建造的球面射电望远镜就是固定式射电望远镜。它的直径为305米，是目前世界上最大的固定射电望远镜。这种望远镜的反射面虽然不动，但不同天区的信号被反射到中心上方时，接收装置却是可转动的，因此使用起来是很方便的。

中国也很重视射电天文学的研究。1973年，北京天文台在北京密云不老屯建成射电天文观测站，并建成了中国第一架射电望远镜。它由16面天线构成，每面口径为6米。1975年又将口径加大到9米，并增至28面，天线阵总长1164米。这架射电望远镜填补了世界射电观测上的一个空缺。

为了对射电观测做出更大的贡献，我国决定建造直径更大的固定射电望远镜，这就是目前正在准备建造的直径为500米的射电望远镜。它位于贵州普定尚家冲的一个大洼地。与阿雷西博射电望远镜相比，这架望远镜的可观测范围将扩大2.5倍，灵敏度提高1.3倍，而造价只有阿雷西博的60％。它对射电星的观测极有价值，并可参与世界上寻找地外生命的研究活动。

● 能辐射脉冲的星星

第二次世界大战之后，由于雷达技术发展很快，促进了射电观测技术的改进。在20世纪60年代，射电天文学的发展进入了一个黄金时期。

1967年，英国剑桥大学建成了一架庞大的射电望远镜，它的矩形天线为470米×45米，占地18 000米²。洛弗尔爵士说，这是"科学史上代价最大的一次"投资。由于这架射电望远镜的灵敏度非常高，从而为脉冲星的发现提供了良好的观测手段。

英国休伊什研究小组的射电观测人员中，有一位女博士研究生，她的名字叫贝尔。她从1965年就参加了这个射电天文小组，并在此攻读博士学位。安装这个庞大的天线阵也有她的功劳。天线安装完毕后，为了撰写博士论文，贝尔要搜集足够的数据。所以，从1967年7月开始，每隔4天她就详细分析一遍100多米长的记录纸带。由于开始时与天线配套的计算机还未安装，所以要靠贝尔的双眼1厘米、1厘米地审视记录纸带，这是一件非常枯燥的工作。贝尔既要从纸带上分离出各种人为的无线电信号，又要把真正射电体发出的射电信号标示出来。

1967年10月的一天，贝尔从纸带上看到了一个长约1厘米的特殊信号。以前的纸带上是否也有这样的信号呢？为了弄清这一点，贝尔决定再仔细地审查一下已经审查过的记录。她果然发现，最早在8月6日的记录纸带上就出现过这种奇怪的信号，到9月底为止，已记录到6次之多。她把这一情况报告给休伊什，经过两人的讨论，决定用新安装的快速记录仪继续观测。到11月底，贝尔终于发现，这是一种短暂的

宇宙中的"小绿人"

脉冲，并且很稳定，很有规律。脉冲是一种短暂的无线电信号，就像人的脉搏，有规律地跳动着，这种现象是过去从未见过的。

开始时，休伊什认为，脉冲可能是人为的，会不会是在遥远星球上智慧很高的"外星人"以某种方式在寻呼呢？小组的成员给它起了一个很好听的名字——"小绿人"。它真的就是科幻小说中描绘的"外星人"打来的招呼吗？这的确是一件令人兴奋的事情。

就像当年央斯基接收到的射电干扰一样，央斯基对"外星人"的说法很不以为然，贝尔对"小绿人"的说法也不去理会。她认为，这种射电天体有固定的位置，天线接收的方向和速度也都不变，不像是"小绿人"所为。如果是"小绿人"所为，它们所在的行星的运行会影响信号，可是几个月的观测并未发现这种变化；并且贝尔接着又发现3个类似的辐射脉冲的天体，"小绿人"总不可能在4个相距如此遥远的天体上同时发射相近的射电波。于是，研究小组认为，这可能是一颗白矮星或中子星。

● 惊人的中子星

关于辐射脉冲的星星，人们早在20世纪30年代就已经做了初步的研究。

1932年，英国物理学家查德威克发现了中子，这在科学界引起了极大的反响。据说，这一消息刚传到丹麦的哥本哈根，有一位24岁的苏联物理学家朗道就提出了一种新天体——由中子构成的致密天体，一些科学家还具体地提出了中子星的模型和中子星可能存在的天区。

中子星是一种什么星呢？它是怎样形成的呢？

原来，当恒星进入晚年时，星体内的聚变反应越来越不稳定，反应速度也越来越快。这就可能导致像氢弹爆炸一样的新星或超新星爆发。所谓新星，就是一颗恒星的亮度突然增加了1万多倍，甚至增加了100万倍。超新星的亮度更会增加1000万倍，甚至100亿倍。于是，原来未被人们看到的一颗暗星，突然闪耀于太空，这就是新星或超新星。

在超新星爆发之后，这颗恒星往往不会荡然无存，在它的核心部分的强大引力作用下，大量物质仍然会紧密地聚集起来。强大的引力甚至大到能"压碎"原子，把原子核外的电子"挤进"原子核中，使电子和核内的质子结合变成中子。于是，在这颗因爆发而"死亡"了的恒星的核心部分，就会出现一颗完全由中子组成的非常致密的中子星。这也就是为什么称它为"中子星"的缘故。

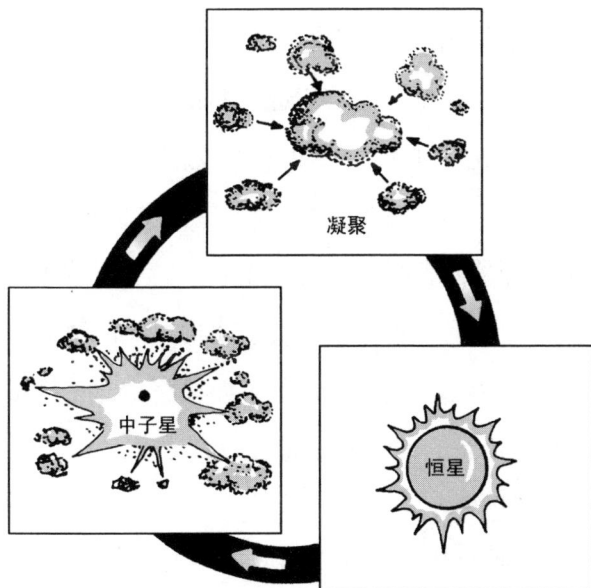

恒星的生命轮回

中子星物质

我从来没有见过这么重的东西

中子星的体积很小，它的直径只有几十千米左右，但是它的密度却大得惊人。我们知道，水的密度是1克／厘米^3；铁的密度为7.9克／厘米^3，金的密度为19.3克／厘米^3。中子星呢？"克／厘米^3"的单位太小了，它往往要用"吨／厘米^3"为单位。中子星的密度可达1亿吨／厘米^3。这有多大呢？打个比方来说吧，从中子星上取下一块小胡桃大小的物质，要拖动它就要用几万艘巨轮。相比之下，如果将地球压缩成像中子星一样的密度，它的直径就不是12 740千米，而只有100多米了，甚至可能还要小。

中子星的自转快得惊人，每秒可达几十转。

中子星的温度也是高得惊人。它的表面温度可达1000万

中子星像一座"灯塔"

摄氏度，中心温度比太阳的中心温度还要高出几百倍，可达几十亿摄氏度。

中子星的压强也大得惊人。它的中心压强为10亿亿亿帕斯卡，而地球中心的压强只有3000亿帕斯卡。可见二者差距之大。

中子星的磁场也是强得惊人，差不多是地球两极磁场强度的1万亿倍；太阳黑子的磁场也高得惊人，但与中子星相比，也只有后者的一亿分之一。

太阳每时每刻都在辐射能量，到达地球的能量只有它辐射能量的二十二亿分之一，这一点能量已够地球用的了。中子星辐射的能量更是大得惊人，为太阳的百万倍以上。不过，太阳消耗的是核聚变能，而中子星消耗的是它快速旋转所依赖的自转能量，并将自转能量转变成电磁辐射或高能粒子辐射出去，就是我们接收到的脉冲。科学家们研究表明，有些中子星可辐射一束很窄的脉冲。形象地说，中子星辐射脉冲就像一座旋转着的灯塔，如果这座"灯塔"并不正对着地球，我们是接收不到这些脉冲的。中子星也并不总能辐射脉冲，由于它的能量不断消耗，旋转的速度会不断变慢。当它的能量消耗殆尽时，它就不辐射脉冲了。这就像我们玩抽陀螺，刚抽起来的陀螺旋转得很快，陀螺与地面的摩擦不断地消耗陀螺的能量，直到陀螺停下来。

● "蟹状星云"传奇

由于脉冲星是超新星爆发后产生的"遗迹"，可能有的人会问，有人见过超新星爆发吗？回答是肯定的，但这样的机会是很少的。我们的祖先就抓住了这样的机会，并对这些超新星爆发的情况做了认真的记录。在这些超新星爆发的事件中，有一处遗迹最有名——"蟹状星云"。

"蟹状星云"是英国天文爱好者戴维斯于1731年首次发现的一个"雾团"，40年后，梅西耶在他编制的星表中把这个星云排在第一，记为M1。1884年，英国的业余天文学家罗斯伯爵用1.8米的望远镜对M1进行了观察，由于那隐隐的丝状物像螃蟹腿，所以他将这"雾团"称作"蟹状星云"。

　　此后人们仍不断对"蟹状星云"进行观测。1921年，一位天文学家将相隔12年的"蟹状星云"照片进行对比。他发现，这团星云好像在不断地扩张，这引起了一些天文学家的注意。后来一些天文学家还证实，这个星云就是900年前中国人记录的"天关客星"。

　　"天关客星"是我国北宋时期观察到的一颗超新星，并被负责天文的杨惟德记载了下来。这里的"天关"是古代的星名，是金牛座ζ星；"客星"是中国古代对新星和超新星的称谓，但有时也指彗星。在史书中的描述是，这颗突然出现的"客星""昼见如太白，芒角四出，色赤白"。意思是它的亮度很高，在白天也能看见它；它像金星（古人也叫它

蟹状星云中的中子星

中国（超）新星

"太白"）一样，光芒四射，星光呈红白色。这样持续了23天，后来的亮度降低了，直到将近2年的时间才逝去。史书上准确地记载了超新星的爆发年——北宋至和元年，即1054年。600年后，戴维斯在这里看到了一个雾团。由于杨惟德的准确记载为今天的超新星研究提供了依据，为此，有人建议将这颗超新星叫作"中国新星"。

1948年，人们用射电望远镜观测，发现金牛座A是一个射电源；1964年又发现"蟹状星云"是一个强X射线源；1968年发现它还是一个强γ射线源（后来又证明它是最强的γ射线源）和弱红外源。苏联著名天文学家和"蟹状星云"研究专家什克洛夫斯基当时正在美国访问，他同美国同行"打赌"（这是科学家们常常"比赛"洞察力或运气的一种方式），"赌金"是1美元对1卢布。"打赌"的内容是：什克洛夫斯基认为"蟹状星云"中只有一颗脉冲星。1969年，美国天文学家观察到，"蟹状星云"内确实有一颗星一闪一灭，并且是一颗闪烁得很快的星体。这是第一颗被观察到的发可见光的脉冲星。

"蟹状星云"现在仍是科学家们的一个非常重要的"天然的"实验室。什克洛夫斯基还大胆地预言："蟹状星云"中的脉冲星一定在辐射"引力波"。这是真的吗？但解决这个问题肯定是非常困难的！

从中国古代的东汉时期到今天，在银河系共发生了9次超新星爆发，我们的祖先完整地记录下了这9次超新星爆发，这些材料成了今天科学家们研究超新星遗迹的重要依据。

中国人记录的银河系超新星爆发

年代（公元纪年）	位置（星座）	星等	裸眼可见时间
185	半人马	−8	20个月
386	人马	?	3个月
393	天蝎	−1	8个月
1006	豺狼	−9.5	数年
1054	金牛	−5	22个月
1181	仙后	0	6个月
1408	天鹅	−3	?
1572	仙后	−4	18个月
1604	蛇夫	−2.5	12个月

按照一般的看法，一个星系中，大约每1000年发生3次超新星爆发。中国人的记录都是银河系内发生的超新星爆发现象，因为裸眼一般是无法看到河外星系超新星爆发现象的。但也有例外，1987年春天，在大麦哲伦星云中发生了一次超新星爆发现象，人们用裸眼看到了它。

六、奇异的黑洞

在许多人的少儿时期，看星星是一件十分惬意的事情。夜空之下，满天的星斗，使人们浮想联翩，美好的事物总是涌现在人们的大脑之中。就好像神话故事中，牛郎织女，鹊桥仙会，那里好像也应是人们生活的空间。尽管想象中的事物多是美好的，但真实情况又是怎样的呢？我们下面可以"实地"一游，去体会一下个中滋味。

● 星星的三种命运

我们所说的星星其实就是恒星。恒星从形成到终结要经过几十亿年，这样长的"寿命"是过去的科学家们无法想象的。然而这并不是说恒星是永恒的，现在的科学家们发现恒星并不是永恒的，它也会经历从生到死的历程。

恒星的"生"人们在200年前就知道了。18世纪时的德国科学家康德和法国的拉普拉斯认为，太阳系起源于一团

"旋转的星云"。今天我们知道，这星云在收缩时会越转越快，使星云的温度高达几千万摄氏度。这时星云中的氢开始像氢弹一样，不断爆炸和燃烧，放出光芒。像这样的恒星燃烧可以持续几十亿年。当恒星进入晚年，它的境况就不太好了。强大的引力作用使恒星剧烈收缩，这种收缩还伴随着恒星剧烈的升温，最后是大爆炸。

与太阳的质量相比，如果恒星质量与太阳的质量差不多，它就会平淡地走向它的墓穴，最终会成为一颗冰冷的白矮星。

坍缩

碎裂

球状体

恒星胚胎在星云中孕育

关于白矮星，最早是由德国天文学家贝塞尔发现的。这就是天狼B星。它的温度很高，可发出白色的光芒，但它的体积很小，也可以像形容人或动物一样，说它的个子"矮"。它与地球的半径差不多，又发白色的光，因此就叫它白矮星。20世纪的早期，科学家们又进一步发现，白矮星的密度很大，1米^{3}有80万吨。当时著名的英国科学家爱丁顿认为这有些"荒唐"。然而这却是真的，是观测事实。

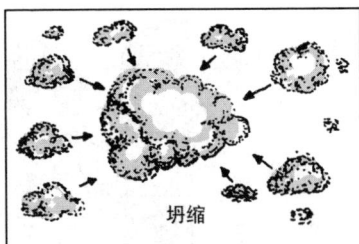

恒星的生命历程

20世纪30年代，一位名叫钱德拉塞卡的印度科学家对白矮星进行了研究。他认为，如果恒星的质量不超过1.4个太阳质量（这个值叫作"钱德拉塞卡极限"），它的结局就是白矮星。这个结论也遭到了爱丁顿的反对，并引起了激烈的争论。但后来证明钱德拉塞卡是对的，由于他在天体物理学上的贡献，钱德拉塞卡获得了1983年的诺贝尔物理学奖。

当恒星的质量超过"钱德拉塞卡极限"（也称作"奥本海默极限"，奥本海默是美国科学家，由于他在原子弹研制中做出了重要贡献，被人们誉为"原子弹之父"），并小于2个太阳的质量时，恒星的结局就不一样了。这时的恒星会发生所谓的超新星爆发，其残骸在强大的引力作用下形成中子星。关于中子星，我们在前面已经谈过了。而如果恒星超过"奥本海默极限"，恒星的结局就是黑洞了。

在一般人看来，黑洞可以吞噬一切物质，甚至光线也被它吸进去。其实，科学家们目前对黑洞了解得也比较少。

● 为什么叫黑洞

有一位印度科学家曾经讲述过一个这样的故事：18世纪，在印度的加尔各答城，有一座名叫威廉堡的要塞，其中有一个小而阴暗的房间——"加尔各答黑洞"。房间长5米，宽4米，原来是用于关押3名囚犯的。1757年，这里发生了一场流血冲突。作为报复，地方长官将46名俘虏关进了"加尔各答黑洞"。当时正值盛夏，这些人被关进去了10个小时，只有22人活着出来。

尽管历史学家怀疑这种说法，但"加尔各答黑洞"的可怕却是无疑的，并且这个例子恰好表征了黑洞贪婪地吞噬周围一切物质的真实性。

今天，我们在书刊、电台和电视中经常可以看到和听到"黑洞"这个词。由于它那奇妙的性质，谈到它时，人们表现出了浓厚的兴趣。

我们知道，发射人造卫星要达到或超过每秒8千米的速度，这样才可使卫星像月亮一样环绕地球旋转。当卫星的速度达到或超过每秒11.2千米，它就能摆脱地球的引力而"自由"飞翔了，这时它的名字应叫"人造行星"了。然而，它

神秘的宇宙黑洞

要真正获得"自由"，就要达到每秒16.7千米的速度。这时太阳的引力也无法束缚它，它可以飞向广袤的宇宙空间。

这些说法只是针对太阳来说的，如果太阳更大些，太阳的引力就会更大些，物体逃脱它的引力就更困难了。早在1783年，英国天文学家米切尔就注意到，当恒星质量非常大时，光线也无法逃脱它的"引力"，而只能在它的周围绕转。然而，在外界的人看来，这颗恒星就是全黑的。米切尔还就当时的知识水平进行了计算，计算出黑洞的质量。遗憾的是，米切尔的研究当时并未受到世人的注意。

1796年，著名科学家拉普拉斯根据牛顿的引力理论预言了黑洞的存在。他指出："一个密度如地球、而直径为250个太阳的发光恒星，由于其引力的作用，将不允许任何光线离开它。由于这个原因，宇宙中最大的发光天体不能被我们看见。"拉普拉斯将这种天体称作"黑暗的一团"。

米切尔和拉普拉斯的黑色恒星是无法验证的，因此，它不久就被人们遗忘了。20世纪，爱因斯坦提出新的引力理论之后，人们才重新提出这种"黑暗"天体的问题。在1967年12月，研究黑洞理论的物理学家惠勒给它起了一个有趣的名字——黑洞。

● 可怕的黑洞

当爱因斯坦提出新的引力理论——广义相对论后，那令人生畏的数学使许多人都避而远之，更何况当时正在进行的第一次世界大战使交战国双方的科学家充满着敌意。不过也有例外，在德国与俄国交战的前线上，有一位正在炮兵服役的德国科学家，他的名字叫史瓦西。他开始研究广义相对论。

史瓦西虽身在前线服役，但思想仍在科学的领域驰骋。当他了解了爱因斯坦的广义相对论之后，他首先对爱因斯坦的理论进行了研究，并且发现了一种密度极高的恒星，即在半个世纪后被惠勒称作"黑洞"的天体。

史瓦西最先预言了黑洞的存在，所以黑洞的半径被叫作

"史瓦西半径"，也被称作"视界"。这就是说，这个半径是我们所能看到的界限，小于这个半径的地方我们是看不见的。这也就是我们为什么说它"黑"的原因。

由于黑洞具有极高的密度，在它周围的引力是十分强大的。但是这种引力并不是不变的。物体离黑洞越近，引力越大。就像我们站在地球表面，脚部受到的引力要大于头部受到的引力，但二者差别很小。它们的差值只出现在小数点后第10位上。接近黑洞时，我们的头部和脚部受到的引力差值却大得惊人。对于一个质量约为10个太阳质量的黑洞，它的"史瓦西半径"约为30千米。当我们到达距黑洞400千米的高空时，我们头部与脚部的引力差足以将我们撕成碎片。所

可怕的黑洞

以我们是无法接近黑洞的，更不要说深入其中了。当一个物体接近黑洞时，它就会被黑洞吸引进去，并被扯碎和压扁。这也就是黑洞很可怕的原因，并且其可怕的程度远远超过了人们对地狱的描述。

虽然黑洞看上去很可怕，但科学家们研究之后，发现它并不复杂，使用很少的物理量就可以描述黑洞的行为了。黑洞只具有质量和电荷，以及描述黑洞旋转的量。其中黑洞最突出的特点是个头不大，质量特大，所以密度极大。比如说，要使太阳变成一个黑洞，太阳的半径就要从现在的70万千米压缩到3千米，密度就要从每立方米的1.4吨增加到几亿亿吨。而要使地球变成黑洞，它就要被压缩到半径只有几厘米。被压缩的一座山峰也只能具有一个电子的大小。为了说明黑洞密度之高，我们不妨列一个表。

常见物体所形成的黑洞

物体	质量（千克）	半径（米）	史瓦西半径（米）	相当的物体
原子	10^{-26}	10^{-10}	10^{-53}	——
人体	100	1	10^{-23}	——
山峰	10^{12}	10^{3}	10^{-15}	电子
月球	10^{23}	10^{7}	10^{-3}	细沙
地球	10^{25}	10^{7}	10^{-2}	蚕豆
物体	质量（千克）	半径（米）	史瓦西半径（米）	相当的物体
太阳	10^{30}	10^{9}	10^{3}	小岛
银河系	10^{42}	10^{21}	10^{16}	——

由此可见，黑洞是一种极高密度的天体。如果达到这样高的密度，光线就会被"囚禁"在"洞"内，而且是

"终身监禁"。由于黑洞的密度很高，它也被称作是
"致密物质"。

● 黑洞并不黑

假如我们可以不受引力作用而进入黑洞，我们会惊奇
地发现，黑洞内并不黑。原因是，在黑洞的中心（即半径为
零处，这个点叫作"奇点"或"奇异点"），物质都被无限
地压缩，时空也被无限地弯曲而"冻结"。黑洞内倒是空荡
荡的。但进入黑洞的光线并未被轻易制服，而是在洞内打转
转。光线把黑洞内照得明晃晃的。

不但黑洞内不黑，黑洞在外面有时也能发出一些信息，
这就使科学家们起了给黑洞拍照的念头。

黑洞不发光，怎样给黑洞拍照呢？

在宇宙中，有一种恒星系像我们的太阳系，中心是恒
星，周围是围绕中心恒星旋转的行星。还有一种恒星系是
双星系统，即两颗恒星相互环绕着运行。

在这种双星系统中，如果有一个是看不见的黑洞，看
上去仿佛是一颗单个恒星，但它会像一个双星系统相互地环
绕。也就是说，这颗"单个"的恒星有公转的周期。令人欣
慰的是，天文学家在距我们1万光年的地方——天鹅座，发
现了一颗编号为X-1的双星系统。其中一颗是蓝色的高温巨

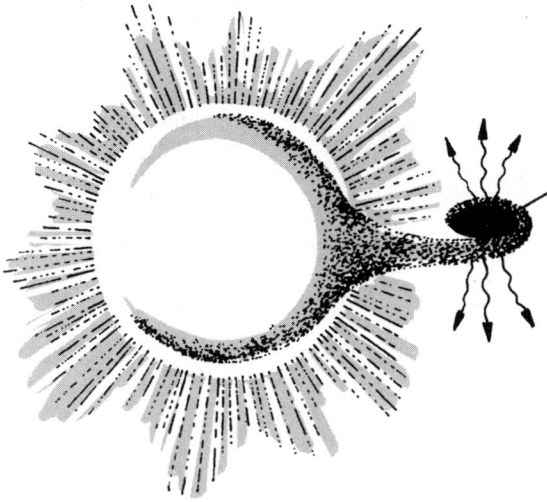

黑洞吸引它周围的物质，从而形成了一个"吸积盘"

星，另一颗看不见。

经过计算，科学家们发现蓝色星的形状已被黑洞的引力拉成了一个尖嘴的"梨"形。它的物质从"梨"的尖部向黑洞流去。这些物质并不是径直奔向黑洞，而是沿一条螺旋形的路径逼近黑洞。这样的路径看上去像一个"盘"，并被称作"吸积盘"。当这些物质逼近黑洞时，它们的速度不断增加，以致接近于光速。

当物质不断旋转时，粒子之间不断摩擦和碰撞，同时温度也在不断升高。这时处在吸积盘内的物质会辐射出电磁波。当接近黑洞时，物质还会辐射出X射线。因此，科学家们为这种双星系统辐射出的X射线拍照是没有问题的。当然，这并不是说为黑洞拍照是很容易的事，而且人们对黑洞的研究还不够深入，甚至能否真的发现黑洞还是有一些疑问的。也许你觉得这很有趣，实际上还真的发生了一些有趣的事情。

英国著名科学家霍金把大量的时间花在黑洞的研究上，他取得了很大成绩。但他和他的研究同行的观点并不完全一致。霍金同一位名叫索恩的人就对黑洞是否真的存在有不同意见，他们为此还打了赌。打赌的原因是这样的，就某一观测的区域来说，霍金认为那里不存在黑洞，索恩认为那里存在黑洞。他们各自的"赌注"是：霍金输了就为对方订阅1年的杂志，索恩输了就为对方订阅4年的杂志。杂志名也是事先说好了的。从霍金的本意来说，他是想"输"的。因为黑洞并不轻易露出它们的面目，观测到它是很不容易的。如果观测到了黑洞，他就输掉了"赌注"，但这对他的研究工作却是肯定的，这样的"报偿"比起"赌注"来说，"赌注"实在是微不足道的。当然，如果"赢"了，免费阅读4年的杂志也算是小有"收获"，对个人的研究也稍稍有点慰藉之感吧！

20世纪70年代末，在上面说的天鹅座X-1所在天区发现了X射线辐射，而几年后，索恩赢的把握基本上就成定局了。这时，"说话算话"的霍金从他的布告栏上取下了打赌"公告"，并宣告"认输"。不久，索恩就看上了邮局寄来的免费杂志了。

人们现在对于黑洞的研究是很初步的，由于我们无法深入黑洞内部，特别是对于黑洞中心即奇点附近的了解是很肤浅的。尽管如此，我们也是知道奇点的贪婪是非同寻常的，是令人胆寒的。好在奇点被包裹在视界之内，我们大可以不去理会它。

不过人们发现，还有一种"裸露"的奇点，它会四处游逛，会到处捣乱。尽管我们还没有观测到这种"裸露"的奇点，但不能说明它们是不存在的。为此，科学家们提出了一个假设：自然界禁止"裸露"的奇点存在。

这种禁止会真的有效吗？这倒有点像古希腊人的"自然界惧怕真空"的说法一样。也许未来的科学家们会解决这个问题。

平心而论，人们对黑洞的认识是远远不够的，而更深入的研究将是未来科学家们的任务。我们相信，将来的科学家会对黑洞有更全面的认识。

● 轮椅上的天才

在新的千年到来之际，各国都以不同的方式来迎接这不寻常的千禧之年。在美国白宫进行了一系列的演讲，其中以科学为主题的演讲是《想象与变革——下一个千年的科学》。它的演讲者就是英国剑桥大学应用数学与理论物理系教授，"轮椅上的天才"斯蒂芬·霍金。霍金患有严重的残疾，双手只有3个手指能动。这个极度残疾和极度聪明的科学家成了这次演讲的理想人选。

20世纪90年代，谈论宇宙学渐渐成了一种时髦，宇宙大爆炸理论虽不是新的理论，但在公众心中却非常新颖。特别是谈到霍金，人们表现出了极大的兴趣，并称他是自爱因斯坦之后最好的物理学家。

霍金是英国人。他1942年1月8日出生于战火纷飞的第二次世界大战期间。这一天恰好是意大利科学家、近代物理学的奠基人伽利略逝世300周年的纪念日，几天前还是牛顿的生日（牛顿于1643年1月4日出生）。当然，这并不意味着，呱呱坠地的小霍金头上罩上了金色的光环。用霍金自己的话说，"我估计大约有20万个婴儿在同日诞生"。

小霍金也像普通的小孩一样，喜欢玩具，着迷于玩具火车，甚至自己花钱买来了电动火车。十几岁时，霍金还喜欢制作飞机模型和轮船模型，甚至尝试发明一些游戏。这些游戏的内容包括制作不同颜色零件的工厂、运送产品的公路和铁路，以及股票市场。霍金和一个同学负责编制游戏的规则。在编制这些游戏时，小霍金的目标是"建造我能控制的可以开动的模型"，"这些游戏以及火车、轮船和飞机都来自于探究事物并且进行控

轮椅上的天才

制的要求"。这种要求一直驱动着霍金去"探究事物",甚至在后来的宇宙学研究中仍在起作用。

上学期间,霍金分在一个很好的班,尽管他的成绩名次从未进过上游,但仍受到同学们的尊敬,同学们为他起了一个"外号"——爱因斯坦。霍金在班上有一些要好的同学,他们喜欢听音乐,特别是古典音乐,如莫扎特、马勒、贝多芬,也到音乐厅去听音乐。他们还经常讨论一些科学和宗教问题,比如,宇宙的起源和宇宙的运行是否需要上帝的作用。当霍金刚听到"红移"时,他猜想,光线在行进途中,可能会因为劳累而变红。当然,这是错误的。正确的解释是,当发光体朝你走来,与不动光源的光谱相比,它的光谱要向红端移动;反之,发光体背你而去,光谱要向紫端移动,称作"紫移"。

在中学学习的后两年,班上来了一位数学教师。他的教学富于启发,这激发了霍金对数学和物理学的兴趣。尽管父亲也鼓励他学习其他科学,但更希望他学习生物学(与父亲的专业相近)。回忆起中学的学习,霍金谈道:"在我幼年时,我对所有科学都一视同仁。十三四岁后我知道自己要在物理学方面做研究,因为这是最基础的科学,尽管我知道中学物理学太容易太浅显,所以很枯燥。化学就好玩得多了,不断发生许多意料之外的事,如爆炸等等。但是物理学和天文学有望解决我们从何处来和为何在这里的问题。我想探索宇宙的底蕴。"由此可见,少年的霍金的志向虽算不上远大,但"想探索宇宙的底蕴"对他后来的研究肯定是有影响的。

中学毕业后，霍金考入牛津大学，并如父亲所希望的那样，取得了奖学金。学习物理学对霍金来说并不费力，牛津大学毕业后他又考上了剑桥大学理论物理专业的博士研究生。为什么要选取理论物理专业呢？霍金后来说："理论物理中有两个领域是基本的……一个是研究非常大尺度的，即宇宙学；另一个是研究非常小尺度的，即基本粒子。"这就是说，理论物理联系着"至大"的宇宙和"至小"的基本粒子。最后，他确定要研究宇宙学，这是因为"在宇宙学方面已有一个定义完好的理论，即爱因斯坦的广义相对论"。广义相对论是研究宇宙学的理论基础。

在研究生学习期间，霍金得了一种怪病，这种病叫"肌肉萎缩性脊髓侧索硬化症"，这是一种运动神经细胞病。这种病使行动本来就不灵活的霍金更加笨拙，而且这种病还迅速地恶化。霍金为此非常苦恼，以致他认为自己活不了多久了。然而，霍金并未放弃正常人的工作、学习和生活。这时，他结婚了，5年后他成了3个孩子的父亲。

患病的霍金依然如故，甚至更加勤奋。他做了好几个梦。其中一个梦是他被处死了，由此他希望，"如果我被赦免，我还能做许多有价值的事"。另外几个梦也使他振作起来，他认为，"我要牺牲自己的生命来拯救其他人"，要做点善事，以回报社会对他的恩惠。

勤奋的工作使霍金取得了很大的成绩，他以黑洞的研究成名于物理学界。黑洞是一种体积很小、质量很大的天体，也就是说，它的密度很大。这种天体是一种从理论上推测出来的天体。

早在200年前，一位法国科学家提出了黑洞的问题。他认为，满足一定条件的恒星，在引力的作用下会吸住自身发出的光线，而使它看上去好像是"黑暗的一团"。然而，这种科幻般的预言并未受到人们的重视。爱因斯坦建立广义相对论时，一位德国科学家借助广义相对论重新预言了黑洞的存在。他发现，质量等于太阳质量大小的黑洞，其直径只有2.95千米；而相当于地球质量的黑洞，直径只有0.9厘米了。到20世纪30年代末，一位美国科学家研究恒星演化时，再次研究黑洞问题。他认为，在恒星燃尽时，在引力的作用下，恒星会无休止地坍缩下去，最终就形成了黑洞。

20世纪60年代，由于天文学的一系列新发现，激发了天体物理学的研究。霍金正逢其时，黑洞研究使他初露头角。霍金将热学引入黑洞的研究，这大大加深了对黑洞的认识。这时，霍金认为，可能存在一种"微型黑洞"。这种黑洞很小，有的会小到像质子或中子那样的大小。按照现代物理学的理论，当物体小到这样的程度，它应服从量子力学的规律。霍金的进一步研究表明：黑洞可以蒸发，黑洞越小，它蒸发得越快。1个10亿吨（个头与质子大小相当）的黑洞要用100亿年的时间才能蒸发干净，而最后0.1秒内所释放的能量相当于100万颗百万吨级的氢弹爆炸。这就是说，我们是不

宇宙还能收缩成一个点吗

是应该仔细地进行天文观测，力图在宇宙空间找到这种"微型黑洞"而加以利用呢？

霍金对大爆炸理论研究有很大贡献。他认为，宇宙起源于一个"奇点"，"奇点"处的爆炸产生了粒子和能量，粒子间的作用产生了星云，进而演化到我们今天的世界。今天的宇宙仍在膨胀着，将来的宇宙可能将继续膨胀下去，也可能在膨胀到极限时转而收缩至当初形成宇宙的那个"奇点"。这看上去好像很有趣，然而，这就是今天人们对宇宙的认识水平。

由于霍金在天体物理学研究上取得的成绩，他获得了1978年的爱因斯坦奖。1980年他又当上了三一学院卢卡斯讲座的教授。牛顿曾经是该讲座的教授。现在，霍金已快60岁了。尽管身体残疾，他仍经常旅行、演讲、著述。他的《时间简史》已发行几千万册，被译成40多种语言。由于霍金那富于传奇色彩的奋斗历程，他的《时间简史》还被搬上银幕。人们看到了黑洞和基本粒子的画面，听着霍金敲打计算机键盘和计算机合成后的声音，人们为现代物理学和宇宙学理论的深奥所震慑，为人类的智慧所感叹，并且更加佩服霍金在承受巨大的痛苦时仍在攀登科学高峰所表现出的伟大精神。

● 开发黑洞能

对于我们来说，水的蒸发现象是一种很常见的现象。水越少，它蒸发得越快。在20世纪70年代，霍金在研究黑洞时，就发现黑洞有一种奇妙的性质——黑洞可以"蒸发"。像水滴一样，水滴越小，水滴蒸发得越快；黑洞越小，黑洞蒸发得越快。

一个同太阳质量大小相近的天体，蒸发殆尽要用10^{66}年。蒸发的时间太长了，远远超过了宇宙的年龄（大约是10^{10}年）。但是，质量大小为1吨的黑洞会蒸发得很快，只需要10^{-10}秒。蒸发的时间又太短了。在这样短的时间内，它放出的能量是惊人的，可使黑洞急剧升温，高达1200亿摄氏度。

既然黑洞能放出如此巨大的能量，我们应找到一种好办法提取黑洞的能量。不过眼下还找不到这种办法，科学家们也是在幻想着利用这些能量。20世纪70年代，有几个科学家曾写了一本名叫《引力》的书。

在这本书中，科学家们设想了用一种机器来设法提取黑洞的能量。他们是这样设想的：先设计一个巨大的刚性骨架，当然这个骨架要离开黑洞有足够远的距离。在这个骨架上建一座工厂，工厂将城市垃圾收集起来，装上车，再将垃圾倾倒其中。这些装满垃圾的车要准确地投在一个"抛射点"。这时的黑洞由于垃圾的进入而转速略减，同时空车以增大的能量离开，并回到骨架上。空车的能量被一个巨大的转子所吸收，转子带动发电机运转，并输出电能。这样，我们的城市可以用垃圾换回电能，这是很划算的，并且还为建造绿色城市提供了良好的条件。这样的垃圾换能源的设想将来能实现吗？

七、有趣的白洞和虫洞

科学家们研究发现，黑洞的边界是一个"视界"，无论是光还是实物进入"视界"要逃出来是不可能的。这就是我们常常将黑洞描绘成"地狱"的缘故，这也是我们难以窥见它的"真容"的原因。由于黑洞的性质近乎"怪诞"，特别是它张着"血盆大口"无情地吞噬着一切，像是一个"暴君"统治着周围的世界。然而，当人们发现一些新的天体之后，并注意到有些天体个头儿不大，却亮得惊人。科学家们认为，在这种天体中心存在着一种更为神奇的"洞"，他们称之为"白洞"。显然这是一种新奇的说法，并借用了黑与白彼此相反的喻义。

● 什么是白洞

科学家们发现，白洞也有一个封闭的边界。与黑洞不同，白洞内的物质和辐射只能向外运动，外界的物质和辐射不能进入白洞内部。这就是说，对于物质和辐射的流动，黑洞是只许进不许出，白洞则是只许出不许进。看上去白洞是一个向外喷射物质与能量的源头，所以，白洞得到一个名称：宇宙中的喷射源。

人们还发现，白洞也是一个具有强大引力的天体。它将大量尘埃和各种辐射吸引过去，但只是到达白洞的边界，"不得入内"。为此，在白洞的边界上有一个物质层包围着白洞。

白洞的中心也是一个聚集着物质的致密物质团，它是由各种基本粒子组成的。当引起这个致密物质团膨胀时，在膨胀过程中，各种基本粒子就会辐射出去。这些辐射粒子具有很高的速度，这时由于白洞吸引来的物质也具有很高的速度，这些跑出来的粒子就与新来的物质发生剧烈的碰撞，并释放出巨大的能量。

我们知道，宇宙并非总是像我们看到的样子。它以前曾经是一个物质密度极高的"点"，这个"点"爆炸后，经过上百亿年的时间才演化到当前这个样子，这个问题我们在后面还要详细谈到。因此，有些科学家认为，在宇宙诞生时的大爆炸，炸得不干净，有些"碎块"还要等上一段时间才会被引爆。而这些"碎块"就是白洞之所在。这就是说，在100多亿年前的宇宙大爆炸时，这剩余的极高密度的物质团块可能就是一个个白洞。

● 白洞是从黑洞转变来的吗

　　有些科学家认为白洞是从黑洞转变而来的，白洞释放大量的物质和能量正是在黑洞形成时获得的。而反观黑洞，20世纪70年代，霍金发现黑洞具有一定的温度，因此黑洞也会蒸发。就像水一样，太平洋要蒸发干净需要很长的时间，而一滴水的蒸发只需很短的时间。我们经常会看到草叶上的露水，好像太阳一出来就蒸发掉了。同样，宇宙也存在一些像小水滴一样的黑洞，有些甚至还要小。当然它的质量并不小。比如，一个质量为太阳大小的黑洞蒸发干净要花10^{66}年，但一个只有1吨重的黑洞蒸发干净只花10^{-10}秒的时间。

　　黑洞的这种"自发"蒸发是一种逐渐加剧的过程。同黑洞形成不一样，当黑洞形成时，是一种在引力作用

由黑洞转变成白洞

下发生"坍缩"的过程；黑洞蒸发时，正好与此相反，蒸发到最后是一种"反坍缩"的过程，它要发生猛烈的爆发，而这种爆发与不断向外喷射物质的白洞一模一样。这种从黑洞直接转变过来，以形成白洞的观点受到了科学家们的关注。

黑洞与白洞的联系正像中国古代的大思想家和哲学家老子所说的，"知其白，守其黑，为天下式"。这里的"式"就是"模式"或"规则"的意思。这大体上是说，黑与白是一对相互联系的概念或实体。

● 神秘的"虫洞"

我们在生活中，常常看到被虫蛀的蔬菜和水果，甚至还能看到正在蠕动的小虫。这些小虫吃住在果肉之中，并且不停地蛀食着。

这些小虫为什么要蛀洞不止呢？经过仔细的观察，你会发现它们就像是正在研究空间性质的"科学家"。它们正在研究它们所处的世界，研究这些空间的性质。

小虫常常爬行在苹果树的叶子上，对习以为常的二维世界没有什么新奇感。而当它们爬到一个苹果上，对稍有变化的引力作用也不会感到奇怪，只是吃惯了叶子的它，这会儿要改改口味了，尝尝这个大苹果吧！

吃起苹果来，小虫会发觉其中蕴藏着大量的水分，而它更大的发现是，原来二维空间的模型对新的观察也许不够用了。在苹果洞内吃住了一段时间后，它琢磨出几个新词来描绘新的空间结构，其中上与下表明第三维空间的方向。尽管在漫长的旅途中，吃住之余，它一直在考虑这第三维的问题。后来它告诉它的朋友，旅途总是弯弯曲曲的。这似乎是一个新的发现，不过它的朋友并不能理解。大家都嘲笑它："唉！多愚蠢的问题啊！"

在我们看来，这是一条勇于探索的虫子。为了说话的方便，我们给它起一个名字——"宗蚩"。这个名字好像有一些文字游戏的意思，并且看上去的意思是，一个无知、愚笨的虫子。

在旅行过程中，尽管不知前途会怎样，"宗蚩"一味向前探索。最后，它又回到了出发点。这说明在具有第三维的世界中空间是弯曲的。"宗蚩"注意到从某一点到另一点的旅行，它能"挖"出一条近路。这条近路并不是所谓的"直线"，而是一条"虫洞"，有时也被叫作"蛙洞"。

"宗蚩"的发现使它猜想到，它在苹果中的旅行只是一棵树中的一个分子，还应有许多具有类似结构的苹果。如果那些苹果中也有虫子，说不定它们也会有类似的经历呢！当然，它自己的经历对那些只吃叶子的虫子听起来可能就是"天方夜谭"了。吃叶子的虫子对它"宗蚩"的名字会认为是理所当然的了。

"虫洞"也是我们生活的宇宙向另一个宇宙旅行的通

道，并且也可用作连接黑洞与白洞的通道。借助这条通道，黑洞吸积的物质被运到白洞，以供白洞"挥霍"——喷发出壮丽的景观。

也许有些读者会想，我们的地球总是闹能源危机，能不能将白洞"浪费"的能源通过"虫洞"送到我们太阳系呢？这当然是一个很好的想法，但遗憾的是，依靠现有的科学理论和技术手段，我们还是无法做到的。也许将来的一天，人们会实现这个愿望吧！

虫子探索的结果会怎样呢

● 令人困惑的"四不像"——类星体

射电天文学发展到20世纪60年代，天文学家迎来了一个辉煌的时期。除了脉冲星的发现，1960年，美国天文学家桑德奇研究射电源，他用口径5米的望远镜观测了几个致密的射电源，发现它们看上去与恒星很相似，但也有很多奇怪的东西。比如3C48射电源的许多谱线很强，也很宽，并且看不出它们表示的是什么元素。这令天文学家们很是困惑。这里的3C48是什么意思呢？其中3C表示英国剑桥大学编制的第3射电源表，48就是这个射电源表中第48号射电源。

在确定射电源的准确位置之后，还要用光学望远镜看看它是什么样子。1963年，用光学望远镜观测就是为了确认这个射电源的"光学对应体"，3C48射电源的"光学对应体"编号是3C273。3C273很小，在大型光学望远镜的搜寻下，发现这是一颗很暗的、裸眼看不见的"小不点儿"。借助大型望远镜看上去，3C273像一颗暗蓝色的小星。由于看上去还像是一颗星，1964年，华裔美国天文学家邱宏业就给它起了一个名字——类星体。

尽管我们用裸眼看不到3C273，但它仍是射电源中明亮的一颗星，也是类星体射电强度最大的星。现在科学家们已经知道，类星体约占射电源的1／4。

虽然科学家们发现类星体已有40年了，但许多科学家仍对类星体有很大的兴趣。为什么类星体受到科学家们如此的重视呢？因为科学家们对类星体的认识还是很不够的，还有许多问题难以解决。甚至有些人称类星体是"四不像"。从照片上看它像恒星，但不是恒星；外形像星团，却又不是星团；它的射电波像星系，却不是星系；光谱像行星状星云，却又不是行星状星云。

这种科学上的多种问题也可以从诺贝尔科学奖的颁发上看出来。20世纪60年代的天文学有4大发现，除脉冲星和类星体外，还有宇宙微波辐射和宇宙中星际分子的发现。在

谁能破解类星体之谜呢

这4项发现中，发现脉冲星的休伊什获得了1974年的诺贝尔物理学奖；发现宇宙微波辐射的彭齐亚斯和威尔逊获得了1978年的诺贝尔物理学奖；发现星际分子的汤斯已于1964年（因在微波激射器和激光研究上的贡献）获得了诺贝尔物理学奖。而类星体的研究至今难以问鼎诺贝尔奖，如果有人能破解这个"四不像"的谜团，这是有可能获得诺贝尔奖的。所以，现在发现的类星体越来越多，已经有几千个，而这些"四不像"是什么的问题仍然困扰着人们。

● 有趣的"引力透镜"

1979年3月，英美两国的科学家组成研究小组，利用美国的一架直径2米的望远镜发现，编号为0957+561A和

0957+561B的类星体彼此靠得很近。进一步测量发现，它们的测量值都非常接近。比如说，它们都距地球约105亿光年，都以每秒20万千米的速度远离地球而去。因为都是类星体，它们很像是一对"双胞胎"。

经过仔细的研究，科学家们认为，这两个类星体实际上是一个类星体的两个像。这是什么意思呢？它们是怎样成像的呢？

成像，就好像我们照镜子。当然不只是镜子可以成像，透镜也可以成像，像我们经常用的放大镜就是透镜。而类星体成的像就好像是透镜成像，当然了，这只是一个比喻，它不可能是透镜成的像。如果说成是透镜成的像，这个透镜就是"引力透镜"。

说起"引力透镜"，还要回到80多年前。1915年，爱因斯坦研究广义相对论时，他提出了一种有趣的推断：当一束光线经过并接近一个大质量的天体时，它就要受到引力的作用而使之发生偏折。这就是我们在前面提到的光线在引力作用下发生了弯曲，并在1919年得到了天文观测上的支持。

在这次观测之后，英国科学家爱丁顿开始仔细研究光线在引力作用下弯曲问题。他发现，这种成像很像是光学透镜的成像，所以人们就将这种"透镜"叫作"引力透镜"。

爱丁顿认为，假如两颗恒星距离足够远，其中较远的一颗恒星发出的光线经过另一颗恒星时发生光线弯曲，这样观察到较远的恒星就会形成两个像。这两个像中，一个像距恒星发光体较远，是较弱的像；另一个像距发光体较近，是基本的像。

到1935年，爱因斯坦也发表了对"引力透镜"的看法，认为引力作用会使一颗恒星发出的光在另一颗恒星周围形成一个光环。1937年，美国科学家也认为，强大的引力作用可以产生"引力透镜"的效应。

但是，这些早期的研究并没有引起人们足够的重视，直到发现0957+561A和0957+561B之后，人们才想起早期关于"引力透镜"的研究。天文观测者在天文台认真地进行观测，人们终于在靠近类星体"双胞胎"的位置，发现了一个昏暗的星系。正是这个星系起到了"透镜"的作用。这个"透镜"是一个距地球50亿光年的星系，它位于地球与类星体"双胞胎"之间。

此后，天文学家还发现了类星体的"三胞胎"现象，估计这也是某个星系在起"引力透镜"的作用。20世纪80年代，一位美国天文学家对1000个射电源进行观测，经分析，

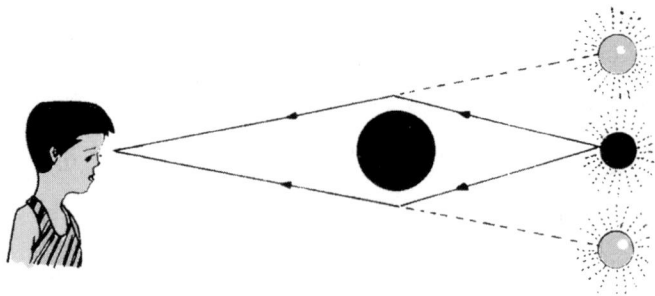

"引力透镜"成像示意图

其中也有一些射电星产生双像点，可能也是"引力透镜"作用的结果。1987年，法国和美国的两个研究小组注意到名为A370和Cl2244-02的星系团，在其中发现了成弧状的天体。由于它们比银河系还要大几倍，人们开始对此进行研究，结果发现这些弧状天体就是在"引力透镜"作用下形成的幻象。

并不是所有的"双胞胎"像都能找到那个神秘的"透镜"的，在1987年发现的类星体"双胞胎"现象就无法找到"透镜"。科学家们分析，在类星体和地球之间可能有一个巨大的黑洞。黑洞承担了"透镜"的角色，但黑洞隐身技术"高明"，我们当然也就看不见类星体和地球之间的"透镜功能"了。

"引力透镜"的研究和进展还只是初步的，还需要人们进一步观测和深入研究，特别是"引力透镜"的探索可能会对揭示宇宙结构提供重要的线索。

● 打造"时间机器"

对于时空隧道或"时间机器"之类的故事，我们大家可能并不陌生。像时间倒流的现象在神话、科幻小说和影片中不断出现，情节尽管有些离奇，甚至非常荒诞，也许作为一种娱乐，这种表述或表现也未尝不可。

像国外影片《超人》中，主人公目睹被地震摧毁的建筑瓦砾将人压死时，他痛不欲生。虽然他曾经发誓，决不干涉人类的历史发展，但极度的哀伤使他忘记了这个誓言。他不断加快行进的速度，甚至超过光速，破坏了原有的时空结构。这样，使时间的流逝放慢，而后停下来，直至时光倒转回到了地震发生之前。

当然，我们知道，这种做法是违背狭义相对论的，是不可能的。其实这种故事在100年前的一本小说《时间机器》中就有所描述。在主人公的房间中，他操作"时间机器"可以到任何一个时刻。他操纵一些仪表，使它显示80万年之后的时代，一切都不可信，但引人入胜的情节还是饶有趣味的。也许你操纵这台机器会想出一些好办法阻止刺杀美国总统林肯，阻止刺杀马其顿王腓力二世，阻止刺杀苏维埃领袖列宁……的计划，甚至告诉岳飞违抗圣旨的主意。如果你带上一队军士，他们手提冲锋枪、火箭筒，去为血战金沙滩的杨家父子解围，那么又会怎样呢？打造"时间机器"真的有这样的用处吗？

打造"时间机器"或进行"时间旅行"，在许多科学家看来是不可能的，所以这类幻想总是出现在小说和电影中。然而，现在的科学家们已不满足这样的现状，不再只做一个消极的旁观者。他们也在思考有关时间旅行的问题，甚至开始构思"时间机器"的设计蓝图了。

"时间机器"的提法早就有了，在20世纪30年代就有人提出过，不过这种"怪诞"的东西并不被人们接受，这些文章寄到科学杂志的编辑部，通常都被退回去。但是，这种状况在80年代末开始有了转机，3位美国科学家关于"时间机器"的文章被物理学方面的权威杂志刊登了。

新的"时间机器"并没有什么特别，科学家在办公室对"时间机器"的设计并不在行，而且也缺乏科幻作家的想象。他们的"时间机器"分装在两间房子中，两个房间的开口可以使两间房子连通。每一个房间在两块金属板之间施加强大的电场，并且要大到远远超过我们现在的技术水平。这样大的电场会使时空"裂开"，并使两个房间的空间形成一个洞。而后，其中一个房间留在地球上，另一个房间放在宇宙飞船上，并加速到接近光速的水平。

加速的宇宙飞船可以借助虫洞从一个时空区域进入另一个时空区域。因为运动的时钟要慢下来，进入虫洞的时间和走出虫洞的时间是不一样的，所以通过虫洞，宇宙飞船就被抛向未来或过去。

如果我们能接受宇宙飞船发出的各种信息，这或许可以为我们开设一个可以身临其境的历史课堂，甚至与那些伟人们交谈，与那些老百姓拉家常，看看意大利画家达芬奇或唐朝画家吴道子是如何作画的，远古的人类是如何用火、如何发明弓箭、如何打制石器的……

如果我们接收的是关于未来的信息，我们或许会看到各种的技术会发挥出什么作用，那时的科学理论有多么离奇，也许平民也会参加哲学家们讨论的一些深奥的问题，还有可能看到外星人光临地球……我们借助这些信息来修正对未来社会的发展和改造计划。

这样的设计"蓝图"并不是什么新奇的东西。早在1948年，一位名叫亨里克·卡西米尔的荷兰科学家就有这样的设想。不过那时人们对他的两块大金属板的作用抱着怀疑态度，认为这种装置违反了电学原理。然而，10年后，一些科学家在实验室竟观察到了卡西米尔预言的现象。因此，人们便称此为"卡西米尔效应"。

后来，人们又提出了虫洞的概念。在虫洞的入口处放两块大金属板，便可使我们穿过虫洞，并进入另一个世界，进而实现时间旅行的设想。

除了"卡西米尔效应"之外，还有人构想了一种"磁虫洞"。最初的设想是一位名叫莱特的意大利科学家提出的。莱特认为，极其强大的磁场可以使人们获得一种强大的引力场。他用一个螺线管产生这种磁场。后来有人依据这种构想设计了一种"磁虫洞"。当然这种磁场大得惊人，目前的技术是远远不够的。虽然人力难为，但在太空中可能存在"磁虫洞"。像中子星表面的磁场就可以满足"磁虫洞"的要求，在那里可能就存在"磁虫洞"。我们观察"磁虫洞"也要容易些，因为磁场也能影响光线，使光速变慢，借此我们可以发现"磁虫洞"。这样看来，虫洞就不仅是"跃然纸上"，也许有些天文观测者会动手在空中仔细地搜索一下。

不过也有人对这种时间旅行抱有怀疑态度，像英国科学家霍金就是代表。他认为，在虫洞口处会产生强烈的辐射，并使虫洞入口处发生畸变，使虫洞关闭入口，继而毁坏关于时间旅行的设想。

到底谁对谁错，还有待于科学家们更深入的研究。

● 通向另一个世界之桥

看来虫洞是一个非常有用的连通手段。它不仅用于连通白洞和黑洞，而且涉及时间旅行这样的问题，涉及我们对时间和空间性质的认识。

最初连通空间的设想是德国科学家黎曼提出来的。黎曼出身于一个牧师之家，少年时也想与父亲一样做牧师，并想用数学推理来证明《创世纪》的真理性。尽管他的这种努力并不成功，但他表现出的数学才能使他转向了数学研究。

黎曼在许多数学分支做过研究，但最重要的贡献是被称作非欧几里得几何的"黎曼几何"。这种几何中有一个有趣的结论，这就是前面提到的——三角形的内角和大于180度。

由于人们习惯了欧几里得几何，对新的黎曼几何还难以适应。据说，黎曼在有世界数学中心之称的格丁根大学读书时，他完成了博士论文，但它的内容只有年迈的高斯能读懂。尽管他的才华被格丁根大学的数学家们所欣赏，后来还接替了高斯的职位，成为格丁根大学的教授。但由于家中十分贫困，他的身体一直不好，所以他不到40岁就因肺结核而去世了。

如果说开始高斯怕马蜂在他周围"嗡嗡……"，后来高斯功成名就，他已无须这种顾虑。然而对新几何知识，大多数人是难以理解的，多维和弯曲的空间看上去好像是数学家在变魔术。就像是我们看"二维国"的人，不用X射线透视，我们就可以看清它们的五脏六腑，但对"四维国"的现象就难以理解了。当时著名的德国科学家亥姆霍兹告诫人们，四维空间不可能形象化地表示出来，"这样一种'表现'之不可能，就像对生来就盲的人'表现'颜色一样不可能"。

尽管人们难以理解新的几何学，黎曼还是力图将它应用到现实中，并且与引力理论联系起来。对于不同的空间如何连通，他最早提出虫洞的思想。为了使大家能够想象这种连通的现象，我们可以将两张纸片各剪开一个切口，而后将一片放在另一片之上，并且用胶水将两张纸沿切口粘好。不过

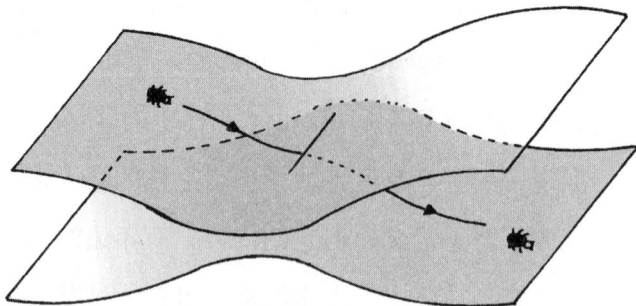

神奇的黎曼切口

两张纸的切口是相通的。沿纸面爬行的虫子可能会偶然地爬入另一个纸面，去看看另一纸面的景象。也许虫子对另一面的空间有些不解，当它成功地从切口回到原来的一面，一切又都恢复了正常。如果没有切口，对于聪明的虫子想从一个纸面进入另一个纸面也不是难事，只需在纸上咬开一个口就可以了。但这样是有风险的，如果它从洞口掉下去，后果会怎样呢？

反过来再说黑洞。当物体掉入"史瓦西半径"即黑洞的半径时，人们就会看到另一个"宇宙"。这个宇宙看上去像是一个镜子中的宇宙。当然，这种"人们"的"看到"是借助想象看到的，实际上进去的物质都会被强大的引力所压碎、分解，甚至原子核中的质子和中子也都会被分裂。由于我们难以观察到黑洞内部的情况，这种洞内宇宙只有数学上的意义。

为了连通黑洞内外的宇宙，爱因斯坦与他的朋友罗森提出了一个数学上的"怪物"——爱因斯坦-罗森桥。从数学上讲，这座"桥"使黑洞理论更加完美，但还是不能通过此桥而进入另一个宇宙。

1963年，新西兰科学家克尔提出了一种新的黑洞理论，这种黑洞也被称作"克尔黑洞"，比起史瓦西的黑洞，克尔黑洞最大的特点是可以旋转起来。

在克尔黑洞中，宇宙飞船不会像在史瓦西黑洞中遭遇到粉身碎骨的结局，它可能会存留下来，并通过爱因斯坦-罗

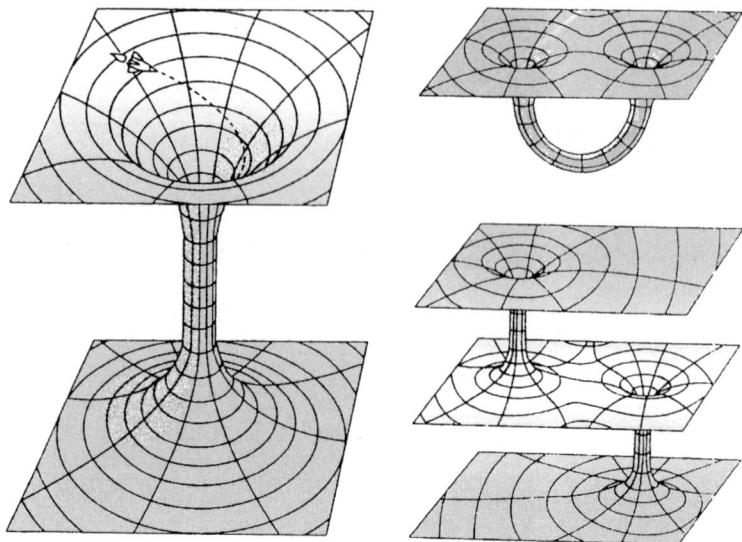

通向另一个宇宙的桥梁

森桥进入另一个宇宙。这时的爱因斯坦-罗森桥就是一个虫洞，而克尔黑洞也就成了连接另一个宇宙的桥梁。

试想一下，乘坐宇宙飞船去克尔黑洞内的感受吧！

当宇宙飞船接近黑洞时，可以看到它是旋转的。火箭开始从黑洞的北极下落，乘客可能认为宇宙飞船要坠毁。当离黑洞再近些时，探测装置会接收到一些光和别的电磁波，有些电磁波已经围绕黑洞转了很多圈了。在这个距离上好像有一面大镜子一样亮堂，不过不是一面镜子，好像是许多面。宇宙飞船中的人会产生错觉，在这个镜像宇宙中，好像有许多个自己的宇宙飞船。这样，宇宙飞船就可以进行时间旅行了。

八、宇宙大爆炸

宇宙确实是很大的，但它大到什么程度呢？这巨大的空间是无限的还是有限的呢？宇宙是一直在演化着的，还是总是保持这个样子呢？关于这些问题，从古至今，人们一直就在研究着，一直就在争论着，并且构成了一部不断发展的天文学史和宇宙学发展史。

● 早期对宇宙的认识

从远古到16世纪末，人们用肉眼观察宇宙，所能达到的范围不超过太阳系。人们对太阳系的行星、彗星、月亮和太阳都进行了长期的观测，并做了详细的记录。对太阳系外个别的现象也做了少许观察记录，如超新星爆发现象。

从17世纪开始，由于望远镜的发明和不断改进，人类的视野大大扩展了，从太阳系伸向了整个银河系。万有引力的发现不仅有力地支持了日心说，而且为建立具有更深层次的宇宙模型提供了条件。接着，德国著名哲学家康德猜测，银河系只是宇宙内众多星系之一，宇宙就是由一个个"银河系"构成的。看上去每个星系像是宇宙海洋中的一座座"岛屿"，所以这种宇宙模型就被称作"岛宇宙"模型。20世纪初，河外星系的发现证实了康德的这种"岛宇宙"模型。

到了18世纪，除了上述宇宙模型之外，人们又提出了另两种宇宙模型。一种是德籍法国人朗白尔提出的一种早期的等级式宇宙模型。他认为宇宙大致是这样的，宇宙的天体可以分成一些等级，第一级是类似于太阳系的行星系统，第二级是由众多恒星组成的恒星系，第三级是由众多恒星系组成类似于银河系的系统，第四级是由第三级天体组成的系统，第五级是由第四级天体系统组成的系统……但是每一级天体都有一个天体中心，众天体围绕这个中心运行，而且每一级

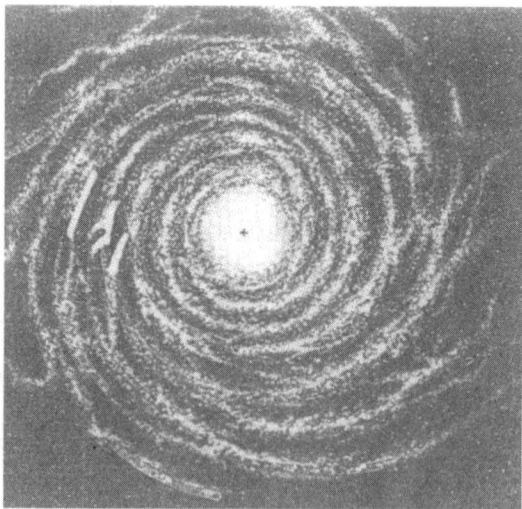

银河系俯视图

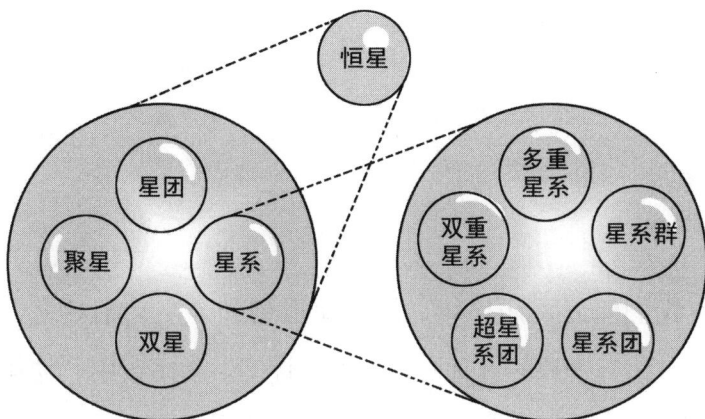

构成宇宙的基本单元

天体的运动都由万有引力维系着。

朗白尔的等级宇宙模型是一种逐级放大的天体系统，这种模型是无限大的宇宙模型。在某种意义上讲，这种模型是对以往宇宙模型的总结性认识。由于人们的视野不断扩展，使天体系统逐渐由简单的系统向复杂的系统发展，新的模型就是对这种发展过程的总结。

比朗白尔稍晚的赫歇耳提出了又一种宇宙模型。这种宇宙模型与等级宇宙模型不同，这是一种均匀宇宙模型。在这种宇宙模型中，不同大小的星体均匀地分布在宇宙的无限空间中。如果看上去存在某些恒星集团，那只是一种表面现象。此外，不但恒星分布均匀，而且恒星的发光也是一样的，所以看上去越亮的恒星就离我们越近。遗憾的是，赫歇耳的这种早期均匀模型并未被人们接受，后来，他自己也放弃了这种模型。

● 爱因斯坦的宇宙模型

我们知道，1916年，爱因斯坦创立了广义相对论。广义相对论与牛顿的万有引力是不一样的。在宇宙中，物体之间的引力作用是普遍的（所以被叫作万有引力），充满着全宇宙，并且在物体之间的引力作用是可以超越空间的，所以这样的引力作用叫作"超距作用"。爱因斯坦认为，由于物体的存在，使周围的空间发生了变化，另一物体由于处在这样的弯曲空间中，会受到引力的作用，这样的引力作用叫作"近距作用"。

1917年，爱因斯坦利用广义相对论来考察宇宙学，使宇宙学发展走上了新的路线，并且建立了现代宇宙学中的第一个宇宙模型。

在爱因斯坦这个模型中，宇宙中有物质，但在整体上是无运动的，所以这是一个静态的模型。不久，荷兰数学家和天文学家德西特也提出了一个宇宙模型，并且与爱因斯坦的模型很相似。所以，新的宇宙模型就叫作"爱因斯坦–德西特宇宙模型"。

爱因斯坦–德西特宇宙模型是由弯曲空间构成的。为了形象地说明这个模型，我们也像上面一样，用二维的空间来说明。由于空间是弯曲的，新的宇宙模型用一个球面来表示，新的宇宙不再是一个平面的样子。也就是说，宇宙是一个二维的球面。

二维的宇宙球面是不分内部和外部的，宇宙的总面积也是有限的，所以宇宙是有限的。宇宙也没有边界，当你徜徉在这样的宇宙球面上，你不会走到使人担心的"边"上。这样的宇宙也没有中心。为什么呢？我们不妨把话题扯得远一些。

在历史上，早期的宇宙体系都假定（或"确定"）某一天体为宇宙的中心。例如，托勒密的体系就是以地球为宇宙的中心，哥白尼体系以太阳为宇宙的中心。在哥白尼提出日心说之后，得到意大利科学家布鲁诺和伽利略、德国科学家开普勒等人的支持。当人们的眼界扩大得更远时，人们发现太阳不仅不是宇宙的中心，太阳甚至连银河系的中心都不是。最终人们认识到，任何一个星系或天体都不是宇宙的中心，它们的地位都是平等的，谁也不能具有成为宇宙中心的特权。

所以，在宇宙中的每一位观察者，不论他在什么地方、朝哪个方向观察，他所看到的都是一样的，没有任何差别。这就是说，宇宙是没有中心的。我们在爱因斯坦-德西特的

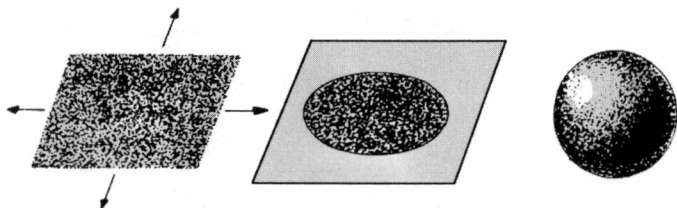

爱因斯坦的有限无界宇宙模型

二维宇宙球面上看到，他们所得到的正是这种感觉，即这个宇宙是没有中心的。由此我们知道，爱因斯坦－德西特的宇宙是有限的、静态的宇宙，并且这个宇宙没有边界、没有中心。

● 爱因斯坦的"失误"

爱因斯坦建立的宇宙模型开创了现代宇宙学的时期，但遗憾的是，爱因斯坦的模型出了问题。因为这种有限的静态模型认为宇宙的空间是不变的。正像英国科学家爱丁顿所发现的：若在某一时刻，宇宙受到一个微小的作用，如某种原因使宇宙略微变得小了一点点，物体之间的距离就缩短一点点；而这小小的一点点就会使物体之间的引力增加一点点，并使物体间的距离再小一点点，就再使物体间的引力增加一点点……如果这"一点点"慢慢地增加下去，就会使宇宙发生明显的收缩，甚至使这种收缩一直进行下去，直至宇宙收缩成一个点。反过来，若在某一时刻，宇宙受到一个微小的作用，使宇宙略微变得大了一点点，物体之间的距离就膨胀一点点；而这小小的一点点就会使物体之间的引力减小一点点，并使物体间的距离再大一点点，就再使物体间的引力减小一点点……如果这"一点点"慢慢地增加下去，就会使宇宙发生明显的膨胀，甚至使这种膨胀一直进行下去……所以，爱因斯坦的宇宙模型是一种不稳定的宇宙，当然，也就没有必要认为宇宙处于静止状态了。这样，动态的宇宙模型就顺理成章地产生了。

爱丁顿的动态的宇宙模型受到了苏联科学家弗里德曼的支持。弗里德曼认为宇宙中的物质分布是均匀的，从各个方向看都是一样的，并且是随时

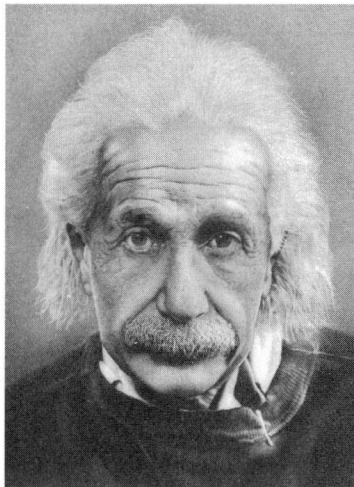

20世纪最伟大的科学家爱因斯坦

间变化的。一开始，爱因斯坦对弗里德曼的看法并不重视，他还认为弗里德曼的看法是错误的，并且写文章公开批驳弗里德曼的结果。然而，几年后美国天文学家哈勃发现，宇宙确实是膨胀着的，爱因斯坦这才意识到了自己的错误，弗里德曼是对的。遗憾的是，这时弗里德曼已经去世了。

爱因斯坦研究宇宙学，一开始就受挫于宇宙模型上。不过这并不是坏事，这倒让人们看到，他用于反对牛顿理论的理论，也可以反对自己的理论。由此我们也可以看到，科学的道路是不平坦的，是曲折的。

● 宇宙在膨胀吗

弗里德曼的宇宙学研究是短暂的，由于他过早地去世（1888～1925年），他的研究没有受到太多人的注意。不过也有例外，比利时的一位叫勒梅特的神职人员在研究爱因斯坦的宇宙模型时发现，宇宙不是静态的，不是稳定不变的，而是动态的。我们知道，宇宙物质间存在着引力，引力应该将所有物质吸引到一起，并形成一个超级"大块头"才对呀！这也曾经是牛顿等人担心的问题，但事实上，这种担心似乎是多余的。与之相反，实际上宇宙总保持一种离散的倾向。

爱因斯坦就因为这种担心使他的研究插入了一个"画蛇添足"之笔。勒梅特认为是不必要的。为了维持宇宙的这种离散状态，他采用了弗里德曼的宇宙模型中3种情况（收缩、膨胀和不收缩也不膨胀）中的一种——膨胀情况，宇宙略微膨胀可以抵消引力的作用。如果膨胀的趋势比引

比利时科学家勒梅特

力的作用要强一些，这种膨胀就会持续下去。也就是说，将来的观测情况会看到更大的宇宙尺度，或者说，过去的宇宙尺度比今天的要小一些。

由于宇宙是膨胀的，勒梅特认为，宇宙必有一个起点。这不难理解，因为回溯宇宙的演化，可以发现它是由小到大的。勒梅特还引入了上帝创世的观点，他让上帝在创世时创造了一个"原始火球"。这个"原始火球"不断长大，它膨胀时伴随着宇宙的不断演化，产生不同的天体和各种射线、粒子等。

最初，像对待弗里德曼的观点一样，爱因斯坦对勒梅特的模型也不以为然。他认为，勒梅特并没有很好地掌握有关的理论，"原始火球"的观点是荒谬的，并坚持自己的静态模型，这当然使勒梅特很失望。

● 宇宙真的在膨胀

在弗里德曼和勒梅特提出宇宙动态模型或膨胀模型之后不久，美国天文学家的观测支持了弗里德曼和勒梅特的观点。美国天文学家哈勃和哈马森发现了宇宙膨胀现象。

1929年，哈勃对各种观测材料进行了分析。这些材料说明，一些星系在彼此退行和远离，并且发现了一个极其简单的规律：这些星系的退行速度与星系离我们的距离成正比。后来

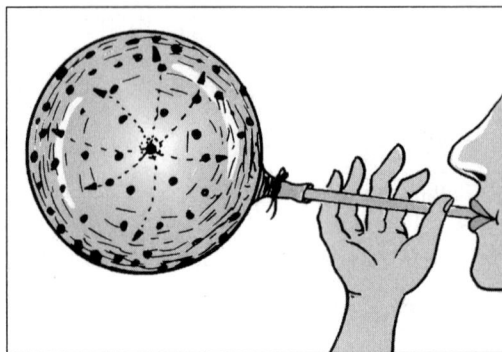

膨胀的宇宙就像是吹起的气球

人们将这条规律叫作"哈勃定律"。

哈勃的发现说明，宇宙正在膨胀着。爱丁顿注意到了哈勃的发现，他将哈勃的发现与弗里德曼和勒梅特的动态宇宙模型研究结合起来。可以看出，哈勃的发现给弗里德曼和勒梅特的宇宙模型提供了有力的证据。从此，宇宙膨胀模型开始深入人心。

当爱因斯坦了解到哈勃的发现之后，他不再"不以为然"了。所以，从20世纪40年代中期，爱因斯坦在他的讲演集《相对论的意义》中肯定了弗里德曼的工作，并且用很长的篇幅说明弗里德曼模型。因此，人们将静态模型称作"爱因斯坦模型"，它只具有历史的意义。实际上，爱因斯坦后来放弃了他的观点，并接受了膨胀宇宙的模型。爱因斯坦的这种改变并不奇怪，因为在建立广义相对论之后，他就一再宣称，他的理论将接受各种实验的检验，并准备接受反面的检验结果，甚至放弃广义相对论。而宇宙学的初期发展，爱因斯坦正是本着这样的观点行事的。

● 富有传奇色彩的科学家——哈勃

　　说到哈勃，这是一位传奇色彩很浓的人物。他生于美国密苏里州的一位律师家中。他毕业于美国芝加哥大学的天文台，但毕业后就去英国牛津大学学习法律专业。从英国回到美国之后，哈勃开办了自己的律师事务所，可时间不长就不干了。哈勃到了叶凯士天文台做研究生，1917年获得博士学位。由于正值第一次世界大战期间，哈勃应征入伍，到1919年退役时，他已晋升少将。退伍后，哈勃到威尔逊山天文台，随从著名天文学家海尔工作。

　　20世纪20年代，美国科学家们进行了一场大辩论，论题为是否存在银河系之外的星系，也就是"河外星系"。正反两派的科学家都无法说服对方。这时，哈勃利用当时威尔逊山上最大的2.5米望远镜拍摄了一些星系照片，并最终解决了争论的问题，即河外星系是存在的。哈勃的发现将人类对宇宙的认识向前推进了一大步。此外，哈勃还对星系的分类做出了重要贡献。这种分类法至今仍在发挥着作用。

　　在20世纪20年代后期，哈勃的注意力开始转移到星系的测距问题上，并且研究了星系谱线的红移问题。依据当时的观测资料，他发现，河外星系的距离越远，它的速度就越

哈勃-仙女座大星系

大。这就是所谓的哈勃定律。特别是他与哈马森的测量工作，促成了河外星系谱线红移的重大发现。这是测量河外星系距离的最基本的工作，也是发现宇宙一直在膨胀的重要事实，为勒梅特的"宇宙蛋"的假设提供了有力的支持。

哈勃的工作不仅为星系天文学的研究奠定了基础，而且他作为观测宇宙学的开创者也是当之无愧的，他的工作为现代宇宙学发展奠定了重要的观测基础。

哈勃的研究是出色的，可以说是成果累累。除了对现代观测资料的积累和研究十分重视，哈勃对古代观测材料也非常重视。他曾仔细研究了中国关于蟹状星云的资料，确认了1054年超新星爆发的遗迹。

在生活中，哈勃也是个充满情趣的平常人。他喜欢钓鱼，并且是一位钓鱼能手。他喜欢拳击，在牛津大学时曾是校内重量级运动员，还与法国拳王交过手。哈勃还喜欢搜集科学史方面的书籍。在研究工作中，哈勃的思维敏捷，富于联想，他早年当律师时形成的重视证据的作风也在天文学研究中发挥了作用。这些综合素质为他的研究提供了良好的条件，也使哈勃的人生更富于传奇的色彩。

● 骡马官创造的奇迹

说到遥远星系的退行速度测量，首先做这件事的是美国威尔逊天文台的哈马森。在那个时候，哈马森与哈勃一起工作，哈马森主要是从事天文观测的。然而，哈马森年轻时并不是从事天文观测的，那时他是一个骡马运输商人。那他是怎样改行做天文观测的呢？

在20世纪初，美国在威尔逊山上要建造一座当时世界上最大的天文望远镜。望远镜有一些很大的部件，要将它们运到山顶上来，这只能找骡马队。天文台找到了哈马森，要他来做运输工作。哈马森答应了，他骑着马指挥着骡马队。他不仅要将望远镜的各种零件运上山来，而且还要把科学家、工程师和其他一些重要人物送上山来。

哈马森的生活是很潇洒的，在赌场他是一把好手，打弹子也很在行，有时还与女孩子逗着玩。在指挥骡马队时，他叼着烟斗，小猎犬的前爪还搭在他的肩头上。在运输这些零件时，哈马森突发奇想，既然我能将它们运上去，为什么我不能操作它们呢？他居然还想放弃工作，改行到天文台去工作。而他受的教育并不多，只上了8年学。文化不高的他能当上观测员吗？到天文台工作对他来说的确是一个很大的挑战。

说实在的，哈马森是一个很聪明的人，并且他还很好学。特别是在运输过程中，他悄悄地喜欢上了一位工程师的女儿。可是工程师的态度是有保留的，他不愿将自己的女儿嫁给一个指挥骡马的人。哈马森对此并没有怨言，他留在了天文台，并且非常勤快，什么活儿都干，电工活儿、看大门、搞卫生，他都能干好。人们对这个年轻人是有好感的，但要操作和保养望远镜可不是一件容易的事情。

也是机缘巧合。有一天夜里，一位操作望远镜的值班人员身体不适，他就问哈马森是不是可以暂时替他一会儿，值守岗位。这正是哈马森梦寐以求的，他终于等来了一个显示他的才能的机会。这天晚上，哈马森当然表现出了他的才能。不久之后，哈马森就成了正式的望远镜的操作员和助理观察员。

更为可贵的是，哈马森与哈勃的合作非常协调，也非常成功。他们开始一起进行天文学的研究。在研究星系的光谱时，哈马森表现出的才能显然超过了一些专业天文学家，他得到了高质量的遥远星系的光谱，并且逐步掌握了天文学的基础知识。他理应成为威尔逊天文台的正式工作人员。

哈马森的观测为哈勃定律的发现创造了条件，这一发现是20世纪天文学和宇宙学上重大的发现之一。哈马森也为此

远离闹市的天文台

受到了人们的尊敬。当爱因斯坦知道哈勃和哈马森的新发现之后，他不仅接受了宇宙正在膨胀的观点，而且亲自去威尔逊天文台参观。他还与哈勃和勒梅特一起讨论了宇宙学的问题，并且爱因斯坦认识到，他的"宇宙模型"是真的错了。

哈马森对星系的退行速度进行了长期的观测，到20世纪50年代，他还在进行观察，利用新的材料去完善哈勃定律的内容。

哈马森不仅在星系退行现象的观测上做出了重要的工作，而且在这之前，他的有些观测工作就已经有些名气了。

在1919年，当时人们只知道太阳系有8颗行星，还没有发现冥王星。一位天文学家建议哈马森寻找海王星之外的新行星。遗憾的是，哈马森因一次令人扫兴的事故而告失败。结果在11年后被年轻的汤博所发现。实际上，哈马森也拍下了冥王星的像，可惜这个像正好落在底片的一个疵点上，这使哈马森丧失了一次重大发现的机会。

● 有趣的 α－β－γ 故事

勒梅特认为，最初的宇宙形成于"原始火球"。那时的"原始火球"只有几光年大小，其中充满一些物质和能量。同今天的宇宙大小比起来，那时的宇宙更像一个"鸡蛋"，所以被勒梅特形象地称作"宇宙蛋"。"宇宙蛋"非常不稳定，稍有干扰它就炸开，爆炸的规模和激烈程度是难以想象的。爆炸后的碎片就逐渐地形成了我们现在生存其中的或可以眼见的星系。宇宙的星系继续膨胀，直到今天还未停下来，但膨胀的速度已经变得缓慢下来了。

20世纪30年代，爱丁顿大力宣传勒梅特的"宇宙蛋"，并加以通俗化，逐渐形成了膨胀宇宙模型。很有趣的是，中国古代有关于盘古开天辟地的说法，相比而言，盘古就像是"宇宙蛋"中的胚胎。

一般来说，弗里德曼的模型，对宇宙的演化提出了三种途径：一是星系以非常缓慢的速度彼此退离，由于星系之间的引力作用，使退行的星系终结，而后使星系彼此接近；二是星系永远地彼此退离下去；三是星系退离的速度不断减小，以至趋于零，但不会引起坍缩。

宇宙是继续膨胀还是继续收缩，这需要测定宇宙的平均密度。但现在对宇宙的平均密度测定还远远不够，因此还无法判定宇宙正"行走"在哪一条路径上。在研究宇宙演化的过程中，我们还不可避免地碰到宇宙膨胀之初的问题，也就是说，时间起点或宇宙起源问题。关于时间起点和宇宙起源，过去常常属于神学家们感兴趣的问题。由于宇宙学的研究与进展，科学家们现在已经有能力研究宇宙起源的问题了，而勒梅特正是这样做的。他的宇宙起源说为科学家们开辟出了一片广阔的研究领域。

科学家们的研究表明，"宇宙蛋"的爆发是一种物质的力量所引发，而不是借助所谓神秘的力量导致的。

科学家们在天文观测中发现，宇宙中大部分的物质是氢，其次是氦。对于这个问题，勒梅特还不能说明为什么。到了20世纪40年代，伽莫夫发展了勒梅特的理论，他对化学元素的起源问题做出了很大贡献。他的理论说明了现在宇宙中氢元素和氦元素的数量。

伽莫夫是美籍俄裔科学家，他1904年出生在苏联的傲德萨。伽莫夫的祖父是一位沙皇将领。据说，在他13岁时，父亲送给他一只小望远镜，这使他对天文学发生了浓厚的兴趣。1926年伽莫夫毕业于列宁格勒大学，1928年获得博士学位。伽莫夫与苏联著名物理学家朗道是同学，后去欧洲工作，先后与著名科学家玻尔和卢瑟福一起工作过。伽莫夫1934年到了美国，并在此定居，先后在华盛顿大学和科罗拉多大学任教。

美籍俄裔科学家伽莫夫

1928年，伽莫夫首先提出了用质子轰击原子核，这对核物理研究有重要的意义。到了30年代，伽莫夫开始进行核物理研究。后来，伽莫夫对勒梅特的宇宙演化理论产生了浓厚的兴趣。特别是对勒梅特的"宇宙蛋"大爆炸理论，他不仅从理论上进行研究与发展，而且对此做了大量的宣传和普及工作。如果说，我们今天对宇宙大爆炸有所了解的话，这与伽莫夫的科学宣传是分不开的。

伽莫夫的思想非常活跃，他还参与了生物化学领域的研究工作。当核酸的结构搞清楚后，对核酸如何起"遗传密码"的作用这一问题，伽莫夫首先提出了"密码"是由3个一组的核苷酸组成的构想。他的这个观点于1961年被科学研究证实。

伽莫夫在科学普及领域颇为活跃，写出了许多科普名

恒星内部的原子聚变

著，对普及现代科学知识做出了重要贡献。

关于宇宙的创生过程，伽莫夫和他的学生阿尔弗写了一篇文章。在文章中，他们认为，"宇宙蛋"中充满了"中子素"，通过猛烈的爆炸，"中子素"分开并形成中子。这些中子迅速衰变成质子和电子。这些质子就是氢原子核，而质子与中子的反应就形成了氦元素。这些理论很好地解释了宇宙中氢元素和氦元素的形成，以及它们在宇宙中的含量问题。

元素形成的过程是非常快的，伽莫夫设想不超过半小时。在爆炸时要释放大量的能量，所以温度是极高的，随后温度迅速下降。不同的原子核在温度下降时会俘获电子而形

阿尔弗像

成原子，这些原子凝聚成气体物质，并在爆炸时向四面八方飞散而去，在飞散时就形成了星系与恒星等。

伽莫夫生性幽默，在进行科学研究时也不忘开个玩笑。下面这个玩笑是由他和阿尔弗的名字引起的。阿尔弗的英文是Alpher，伽莫夫的英文是Gomow，这两个名字与希腊字母alpha（阿尔法，希腊字母表中第1个字母，写作 α）和gamma（伽玛，希腊字母表中第3个字母，写作 γ）发音相似。但他们俩的名字在希腊字母表中只对应着第1个和第3个字母，缺中间的（第2个）字母。为此，他拉进了另一个科学家，他的名字叫贝特。贝特是德籍美国人，用英文写是Bethe，与希腊字母beta（贝塔，字母表中第2个字母，写作 β）的发音相似。他们的研究成果在发表时署名为阿尔弗、贝特和伽莫夫，读起来好像是希腊字母表中前3个字母：阿尔法、贝塔和伽玛。这样的组合让人觉得非常有趣，真是有点忍俊不禁。后来，伽莫夫干脆把他们的理论就叫作 α－β－γ 理论。这样不仅觉得十分有趣，而且便于记忆，可以给读者更深的印象。你看，谈科学论文也不是那么枯燥吧！

对于 α－β－γ 理论来说，其中有一个重要的预言，这就是大爆炸后宇宙降温的情况，到今天绝对温度降到了5开，换算成摄氏温度是零下268摄氏度。

伽莫夫的这个预言是真的吗？科学家们本应去测量一下，但遗憾的是，当时和以后的一段时间内，人们并没有对它加以认真对待。只是到了20世纪60年代，人们才有了这样的机会。

贝特像

● 聆听宇宙大爆炸的"回声"

随着通信技术和卫星技术的发展，美国于1960年8月12日发射了"回声一号"。这是一个用聚酯薄膜制成的大气球。它可将地面发射的电波反射到地面的其他地方，借此实现无线电通信联络。这是最早的卫星通信系统，它的地面接收系统位于美国新泽西州。接收天线的形状像一个喇叭口的样子。1963年，"回声一号"接收系统的任务完成之后，贝尔实验室决定把该系统的接收装置用于射电天文学研究。这是射电天文学中第一个采用的一套相当精密的观测系统装

聆听宇宙爆炸声的巨大喇叭口状天线

置，这使得射电源的信号得到了精确的测量。

贝尔实验室的科学家彭齐亚斯和威尔逊经过一年左右的精密测量，发现了一些不可消除的噪声。最初，他们认为这可能是来自电子线路自身的噪声，而后发现噪声并非来自电子线路自身。在他们发现天线喉部粘满了鸽子粪后，他们怀疑这些鸽子粪有可能就是噪声源。所以，他们将天线喉部拆下来，并清除了鸽子粪，但噪声却未被清除掉。而后，又经过种种努力，他们最终排除了噪声来自设备自身的可能性。这是怎么回事呢？

后来，他们终于明白，这个像"幽灵"一样的噪声可能来自宇宙空间的深处。因为这种噪声是如此地均匀和稳定，以至于在天空的任何方向都可以接收到它。

这个绝对温度为3开（相当于零下270摄氏度）的噪声

源是怎么回事呢？彭齐亚斯和威尔逊并不清楚它的意义。当时，普林斯顿大学的一位科学家做了一次关于宇宙学的报告。其中提到，根据宇宙大爆炸理论的预言，应能观测到一种微波噪声。由于这种噪声充满宇宙，无论我们从哪个方向测量都可以测到它，所以就称它为"宇宙背景辐射"；又由于它是微波辐射，所以也可称作"宇宙微波背景辐射"，简称"微波背景辐射"。当彭齐亚斯与普林斯顿大学的科学家们联系之后，他们才认识到，彭齐亚斯和威尔逊已经发现了宇宙微波背景辐射。有趣的是，这正是伽莫夫的大爆炸假说预言的微波背景辐射的可能性。但由于当时射电技术尚不够成熟，人们根本没有想到用实际观测去证实这种预言。

彭齐亚斯和威尔逊的发现，可以说是恰逢其时。1964年，苏联、英国和美国的科学家，都对微波背景辐射问题进行了研究。科学家们一致认为，现今的宇宙中应存在绝对温度为几开的微波背景辐射。因此，对微波背景辐射的观测，应该提到日程上来了。为此，美国普林斯顿大学的科学家们专门设计和制造了一台小型天线，用于探测这种辐射。但是，他们的装置尚未完成时，彭齐亚斯和威尔逊的结果已经传来了。

彭齐亚斯和威尔逊的捷足先登，很令科学家们羡慕。他们的观测为宇宙极早期阶段的演化理论提供了有力的证据。这项发现被誉为20世纪60年代射电天文学的四大发现之一，他们也因此获得了1978年诺贝尔物理学奖。

九、神秘的宇宙

古语说得好："人生不满百，常怀千岁忧。"这就是说，只能活几十岁的人类，经常自寻烦恼，考虑几千年后的事情。现在，科学家们更是经常研究一些"不着边际"的问题。不过，在我们看了这些"不着边际"的问题之后，也许就会有另外的看法了。

● 创世的传说

我们生活在人世间，大都能看到这样的现象，人像动物、植物一样，都要经历一个从生到死的过程。如果说存在区别，那也只是过程的长短而已。然而，另外一些东西的生死历程就不那么容易了解了，比如地球从生到死的过程，太阳系……以至整个宇宙的类似过程。

古人对宇宙的从生到死的思考是多种多样的，特别是关于宇宙的创生，各个民族都有一些有趣的传说。如古人认为，我们生存的世界充满了海水，而大地就是一个巨大的海龟，它漂浮在海上。而最具影响的《圣经》上帝创世说认为，上帝创造我们的世界用了6天。《圣经》上是这样说的：第一天由于"地是空虚混沌，渊面黑暗"，上帝就创造了光；第二天上帝创造了空气；第三天又创造了水和植物，自然界就有了青草和蔬菜以及结果子的树木；而第四天创造了日、月和众星，并定下节令、日子和年岁等；第五天创造了空中的飞鸟和水中的鱼以及牲畜、昆虫、野兽等动物；最后，第六天上帝依照自己的样子创造了人。

由此可见，这样的创世过程并不神秘，这是犹太人早期关于天地起源的传说，就像我国古代神话中的女娲抟土造人、燧人钻木取火、神农尝百草一样朴实无华。关于创天造地，中国古代也创造了一些"美丽神话"，其中，最为有名的就是盘古开天地。

在最初的世界，宇宙中漂浮着一团混浊的气体球。气体球的里面一片混沌，既没有光明，又没有声音，有的只是一片死寂。但是，就在这个气球的中间围困着一个名叫盘古的巨人，他在里面闷得实在透不过气来。一天，他想：与其这样闷着不如拼它一下。于是盘古挥舞起一把大斧，向周围一阵猛劈。霎时，气球被劈成了两半，清气逐渐上浮，浊气逐渐下降。上升的清气变成了天，下降的浊气变成了地。经过了18 000年，天已经很高很高，地也已经很厚很厚，盘古自己也变成了顶天立地的巨人。开天辟地之后，盘古就死了，

神话故事中的盘古开天地

他的身体就"变质"了。他的身体分别变为风云、雷霆、日月、江河、大地、五岳、土壤、星辰、金石、珠玉、草木、雨泽、昆虫和人类等。这样，一个日月同辉、气象万千、有声有色的天地世界就诞生了！

比起上帝创世来，盘古本领可谓毫不逊色，只是他们的方式有些不同，特别是盘古的创世是以死为代价的。所以上帝更像神，而盘古更像人。

不管是神创还是人创，这都是早期关于宇宙起源的美好传说，我们大可不必细究其中的一些细枝末节。比如，如果大地是球形的，那我们周围的海水会怎样呢？古人认为，海水就会像一个大瀑布一样，从地球"旁边"掉入茫茫的宇宙之中。可是总是这样"掉下去"，地球的水不就枯竭了吗？更难以想象的是，处在我们脚下，地球另一面的人就得"头朝下脚朝上"，那怎么生活呢？这可是够别扭的。

古人怕掉下去并不那么可笑，科学家们有时也有这样的忧虑。据说，爱丁顿就常常自问：既然原子很小，而它的内部大部分都是空虚的，所以原子核就更小。那么，当我们伏在桌子上写字时，桌子能够支持我们的胳膊吗？如果人们知道，原子内部如此空虚，也许很多人就不觉得古代的那个"杞人忧天"是可笑的了，也许我们也怕我们的胳膊会掉入桌子内部的"虚空"之中了。

● 奇妙的宇宙"大数"

在小时候，我们学数数往往在上学前就开始了，但随着学习的深入，我们要用许多许多很大的数和很小的数，而且我们还为这些数字起名字。如果让一个小学生为一个很大的数起名字，这可能还不是很困难的事。据说，一位数学家就曾让他9岁的侄子为10^{100}起个名字。这个孩子很聪明，他为此起了个"Googol"的名字，译成中文就是"古戈尔"。它是什么意思呢？这个"古戈尔"呀，就是在1之后写100个零。想一想，如果你自己给这样的数会起个什么名字呢？还有10的10^{100}次方，即拿10^{100}做10的指数。它的名字是"Googolplex"，译成中文就是"古戈尔派勒斯"，相当于10的"古戈尔"次方。这当然是一个奇大无比的数了。

上面这个数学家让他的侄子为数字起名字，看似平常，实际上这并不是一件容易的事。据说，古时候有两个人做游戏，看谁说的数字大。其中先说的人说了"三"，另一人就弃权了，并表示认输。那时，比3大的数就可以笼统地说成"多"。你看他们还不如幼儿园的小朋友呢！

这样的数真的有用吗？据科学家们的研究，我们的身体共有10^{28}个原子，我们的宇宙共有10^{80}个质子、中子和电子。当然，我们的宇宙大部分空间是"空"的，如果用中子将它填满，需要中子数为10^{128}。你看，"古戈尔"就不够用了，但离"古戈尔派勒斯"还差得很远呢！"古戈尔派勒斯"太大了，想一想，在1之后写10^{100}个零，要写多长时间呢？

大数字是有用的，当然像"古戈尔"这样大的数字用得很少。但用得很少，有时却也用得着，比如说，古希腊科学家阿基米德就曾算出像地球这样大小的空间能装多少粒沙子，像宇宙那样大小的空间能装多少粒沙子。阿基米德

古希腊科学家阿基米德

认为，宇宙中能装的沙子数是 10^{63} 个。这个数字太大了，所以人们也将这个数字叫作"阿基米德数"。

20世纪，英国科学家狄拉克发现了一个现象，他利用电子的电量、质量、质子质量和引力常数进行计算，得到了一个数大约是 10^{40}。

这个数字有什么意义吗？后来科学家们还寻找了另外一些类似的数字。他们用宇宙半径除以电子半径，得到的数字大约也是 10^{40}；而用宇宙的质量除以质子或中子的质量，它的商也是 10^{40}。后来人们就称 10^{40} 这个数字叫"爱丁顿数"。

接下来，我们再算一下"阿基米德数"。假如一粒沙子中含有 10^{17} 个质子，那么宇宙中的质子数就大约是 $10^{63} \times 10^{17} = 10^{80} = (10^{40})^2$。这恰好是"爱丁顿数"的平方。多有趣啊！阿基米德的计算结果竟与现代宇宙学的计算吻合。

有趣归有趣，奇妙归奇妙，这些与 10^{40} 有关的数字是什么意思呢？它们与我们的宇宙有什么关系呢？这些问题现在还真说不准呢！

● 宇宙真的是为我们人类而造的吗

这样的说法真不像是科学家提出的，倒像是那些"创世纪"的说法。

我们知道，按照进化的观点，最原始的猿人至今已有几百万年，与地球的寿命相比是微乎其微的，更何况宇宙了。因此，真看不出人类的诞生与宇宙的起源和演化有什么关系。

我们已经知道，宇宙产生于一次大爆炸，在大爆炸之前，宇宙处在一种"无"的状态。但为什么是"无"呢？科学家们的回答往往是，它自身就是它自身的原因。这不等于没说嘛！是的，对于一些"打破沙锅纹（问）到底"的问题，科学家们只能如此说。然而，有的科学家却试图"以理服人"，比如美国科学家迪克就提出了"人择原理"学说，用它来回答这种"问到底"的问题。他认为，宇宙一个重要的性质就是允许人的存在。比如说，核子的质量若有少许偏差的话，宇宙就不是现在的样子了，人也就不会演化出来

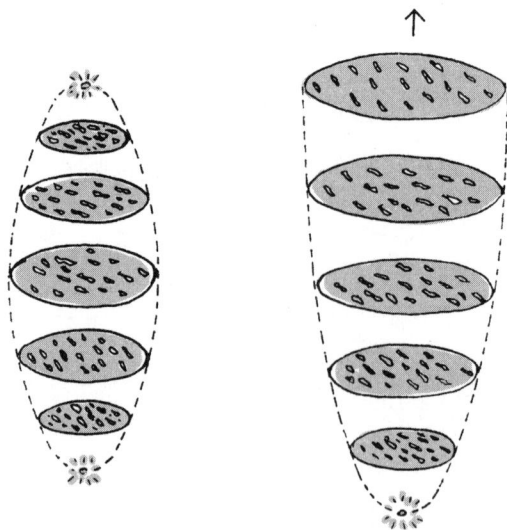

"开放式"宇宙与"闭合式"宇宙

了，当然也就没有人来问这些问题了。有些科学家曾计算过，在45亿年前的地球上出现生命，这种概率只有10^{-30}，然而，它却发生了。其实，在地球演化中，出现人的机会真是犹如"走钢丝"，实在是巧之又巧，人的出现实在是一大奇迹。

现在科学家们已计算出，现有的各种物理规律决定着地球的大小，这样的大小恰能使人类产生；决定着地球的环境温度，这样的温度才能适宜人的生存；决定着人体具有的一定强度和活动能力，这样的人体才能承受一定撞击。具体到数字上来讲，适宜人的生存的地球质量是：

10^{22}千克<地球质量<10^{25}千克

而实际上，地球的质量为10^{24}千克。

此外，大爆炸后的许多残余物也成为构成人体的必要物质，如氢聚变的结果是生成氦，氦再聚变就产生碳……直至产生铁。这些铁不仅是制作各种器物的基础材料，使人类进入铁器社会，而且铁也是我们血液中的重要物质，缺了铁，人就要患贫血病。当然，更加重要的是碳，如果进行核聚变的条件稍微变一点，碳就不能产生；没有碳，有机化合物也就不能产生，我们目睹的树、草也就不能产生，自然界就是一片死寂。你看，如此精密的演化过程，差一点点就要功亏一篑。说的这些是有些玄乎，但实际上就是如此，一点也不夸张。

当然，让我们接受"人择原理"是有些困难的，历史上曾有"神创"之说，有些人被神所选中，这些人就生存下来，有些人没有被神选中，那些人就消失了。这样的说法当然没有什么根据，但"人择原理"则不然，它是一个自然的过程，是"人择"，而不是"人为"，更不是"神择"。

为什么"人择原理"难以被人接受呢？这与我们在学习自然科学知识时所接受的一些力学知识有关。力学知识告诉我们，宇宙的起源和演化与人无关。17世纪时形成的力学观，甚至把宇宙想象为一架机器，它可以自动地运行，尽管有的科学家认为这架机器是由上帝发动的，或由上帝调整过。"人择"的观点是说，宇宙的起源和演化与人的起源有关，这与传统的观点背道而驰。"人择原理"是科学的观点，而不是随意杜撰的。也许有人会说，科学在未来的发展会更好地说明宇宙的演化和人的演化，那时"人择原理"就是多余的了，这是有可能的。科学的确是在发展着，人的认识也会随着发展，就像从牛顿力学发展到相对论力学一样，人的认识大大深化了。这就像在低速生活的人，看到高速运动的物体会难以想象一样。

● 宇宙的演化

前面我们已经谈到，宇宙背景辐射的发现大大支持了宇宙大爆炸学说，这一学说进而使人们对宇宙创生和演化的过程有了进一步的认识。

目前，科学家们根据哈勃常数，已经计算出了宇宙的年龄和大小，它们分别为：

1.0×10^{10}年<年龄<2.5×10^{10}年

1.0×10^{26}米<半径<2.0×10^{26}米

在大爆炸开始之后，宇宙经历了一个短暂的5.39×10^{-44}秒时间，这时宇宙的半径约为1.62×10^{-33}厘米。而这时宇宙的密度为10^{93}克／厘米^3，这个数值比现在宇宙的密度高120个量级，比原子核内的物质密度也要高出约80个量级。这个时期被称作"普朗克时代"。

由于宇宙演化过程是发生在过去的时代，科学家们的研究就像考古学家和地质学家对文物和化石的地质年代的考古研究过程。从这种"考古"研究中，我们对宇宙演化过程有了大致的了解。

1. 宇宙的创生时期：时间从0到10^{-44}秒。这时的宇宙呈现一种"无"的状态，即不存在时间与空间，"大爆炸"开始产生时空，并不断地膨胀。

2. 普朗克时代：时间不到10^{-44}秒。这时形成了物质粒子，可以测量时间与空间，物质间有引力相互作用。这时温度极高，绝对温度可达10^{32}开。

3. 大统一时代：时间从10^{-44}秒到10^{-36}秒和暴胀期，时间从10^{-36}秒到10^{-32}秒。这个时期，随着时间的延长，空间继续膨胀，宇宙的温度不断下降，释放出巨大的能量，并引起空间暴胀。暴胀的结果是空间尺度增加了10^{50}倍。这时还产生了许多重子和反重子，这两种重子数量有一点点差别。实际上，重子略多一点点，二者的比例差不多是1 000 000 001 : 1 000 000 000。尽管多了这一点点，在重子与反重子相互湮灭之后，剩余的就是我们世界中充斥着的（正）物质。

4. 夸克-轻子时代：时间从10^{-32}秒到10^{-6}秒。经过这段时间的演化，宇宙中出现了电磁作用。

5. 强子-轻子时代：时间从10^{-6}秒到1秒。这个时期，宇宙中的物质主要是电子、正电子、μ子、τ子和中微子，以及质子和中子。由于这些粒子的相互作用产生了大量的光子和中微子。

6. 辐射时代和核合成时代：时间从1秒到2×10^{5}年。在时间是1秒时，这时的绝对温度为10^{10}开，光子数目急剧增加。由于宇宙以光子辐射为主，所以这个时代被称作辐射时代；在时间是3分钟以后，这时的绝对温度为10^{8}开，较轻的原子核形成了；在时间是30分钟时，形成了氦核，并占有了宇宙总质量的1 / 4，今天科学家们的观测值证明了这一点；在时间是2×10^{5}年时，这时的绝对温度为4000开，宇宙进入了以物质为主的时代。此时，辐射不断冷却，人们至今仍能观测到绝对温度为3开的宇宙背景辐射。

7. 星系时代：时间从2×10^{5}年到10^{9}年。由于宇宙的不断膨胀和温度的下降，气状物质被分离开，并形成星系团，而后从中开始形成众多星系。

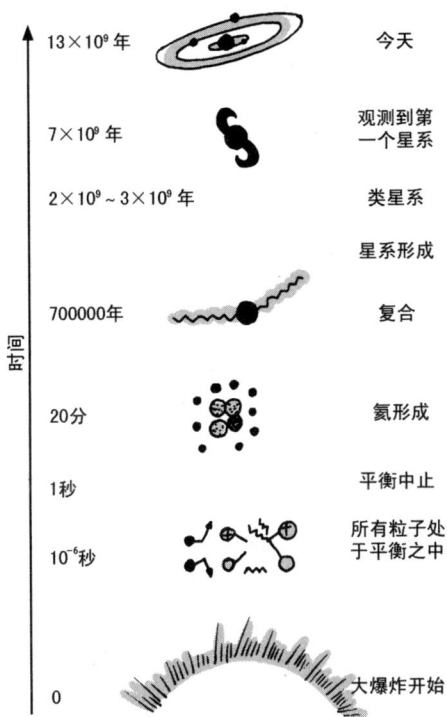

时间		
13×10^9 年		今天
7×10^9 年		观测到第一个星系
$2 \times 10^9 \sim 3 \times 10^9$ 年		类星系
		星系形成
700000年		复合
20分		氦形成
1秒		平衡中止
10^{-6}秒		所有粒子处于平衡之中
0		大爆炸开始

宇宙大爆炸后的演化

8. 恒星时代：时间从 10^9 年之后一直到现在。当宇宙演化时间为 5×10^9 年时，星系物质开始凝聚成众多的恒星。由于物质间的引力作用和聚变反应，恒星产生并释放出巨大的能量。恒星一生大致经历的几个阶段，即引力收缩阶段、主序星阶段、红巨星阶段或超新星阶段以及高密星阶段（如白矮星、中子星、黑洞等）。在恒星演化过程中，还形成了一些行星或行星系统。在星系、恒星和行星的形成过程中，温度适宜则重元素和各种分子就形成了。

一般来说，我们所居住的太阳系和银河系大约起源于宇宙开始后的50亿年。而地球则产生于47亿年前，它是太阳星云分裂、坍缩、凝聚而成的。

● 爱因斯坦也不能解决的"白痴"问题

1802年，一位德国医学教授、业余天文学家幸运地发现了1颗小行星，他将这颗小行星命名为"智神星"，后来他又发现了1颗小行星和5颗彗星，这个人就是奥伯斯。19世纪20年代，奥伯斯提出了一个非常有趣的问题：夜空为什么是黑的？乍一看上去，这个问题是多么的幼稚啊！这差不多是在问：煤球为什么是黑的呢？这也太简单了。

其实，问题并不简单，也并不那么"幼稚"。医学教授奥伯斯能提出这样的问题与他的业余天文爱好是分不开的。

奥伯斯认为，如果宇宙是无限的，那么从我们地球上看去，每个方向都会有无限多的恒星。尽管每颗恒星发的光照在地球上是有限的，然而，由于宇宙的恒星是无限的，把照射到地球上的星光累加起来，那就是非常大的。这就会导致一个很奇怪的结论：夜空不应该是漆黑的，而应该亮如白昼。但夜空毕竟是漆黑的。这是为什么呢？这就是所谓的"奥伯斯之谜"。近两个世纪以来，"奥伯斯之谜"一直得不到圆满的解决。

"奥伯斯之谜"的确是一个大难题，它向宇宙无限论提出了巨大的挑战。然而，如果宇宙是有限的，宇宙就应该有一个边界，可是这个边界在哪儿呢？边界之外又是什么样呢？还有如果宇宙是有限的，它就应该有一个中心，可是这个中心又在哪儿呢？这又是一个巨大的难题。

宇宙无限论者遇到的难题

1917年3月，爱因斯坦在一封信中写道："宇宙究竟是无限伸展着呢？还是有限封闭的？海涅在一首诗中曾经给出过一个答案：一个白痴才会期望有一个答案。"多幽默啊！爱因斯坦竟把自己说成一个"白痴"。不过，这也是爱因斯坦在研究宇宙学问题、并在构造宇宙的模型时发出的感叹，这时的心情与当年德国诗人的心情是一样的。这是多么奇妙的巧合啊！

古往今来有多少人在考虑这个"白痴"的问题呢，有多少人在争论宇宙到底是有限的还是无限的，并且这样的争论已经持续了2000多年了，至今仍在争论着。它仍是人类面临的一个十分重要的问题。

● "众里寻她千百度"

　　按照广义相对论，爱因斯坦提出了一个重要的结论。就像当带电的粒子运动时就会发射电波一样，物体做加速运动时，也要发射"引力波"。

　　由于物质的存在，它周围的空间就会弯曲。当物体做加速运动时，物体会在周围产生一些影响。这种影响就像你把一块小石子投入水面，水面会产生一圈圈的水波纹，依次向外传递开来。这是司空见惯的现象，谁也不会感到惊奇。同样，我们听到的各种声音也是一种波动，我们也已司空"听"惯了，也不会感到惊奇。打开收音机或电视机，听到的声音和看到的画面也都是电波传递来的信号。

　　引力波像这些光波、声波和电波一样，只是引力波的信号太弱了。假如一带电体做加速运动，它要向外发射电波；同时，做为一个普通的物体，它也会向外发射引力波，在空间荡漾起美丽的"涟漪"。我们在接收电波时是很容易的，但是若接收引力波则是难上加难。原因很简单，引力波的信号太弱了，它的强度只有电波信号强度的一亿亿亿亿亿分之一，或写作10^{-40}。就是因为引力波的信号太弱了，在爱因斯坦提出引力波假设后，几乎没有人去着手测量一下这样微弱的信号。爱因斯坦的引力波假设就像一朵不结果实的美丽花朵，"中看不中用"。

但随着无线电技术的发展，测量极其微弱的信号已经成为可能。首先做这件事的是美国马里兰大学的教授约瑟夫·韦伯。

韦伯是从事微波研究的，做出了一些很重要的工作。在1964年颁发的诺贝尔奖中，韦伯还差一点获奖。韦伯要测量引力波，这可是一个巨大的挑战，自然也引起了人们的关注。

韦伯是怎样测量引力波的呢？办法很简单，他先制作了一根铝制的圆柱，这根圆柱长为1.5米，直径0.66米，重约1.5吨。当然，加工这样一根铝柱的要求是很高的，还需要在它的周围贴上一些探测元件。就像测人的心电图或脑电图一样，在他的身上适当部位要贴上一些电极。铝柱周围的探测元件是一种压电材料。什么叫作"压电"材料呢？顾名思义，"压电"就是一压它就产生电。

当引力波撞击到铝柱时，铝柱的形状就要发生极其细微的变化。就像一块石头放在桌子上，桌面就要凹下去一点；如果放一片树叶或羽毛，桌面就不会发生变化。这就像一位科学家曾经说道的："在英国剑桥附近一个射电天文台举办的一次小型展览会上，参观者被请到放着一些白色小纸片的一张台子跟前。参观者拿起一张白纸，翻过面来一看，写着这么一句话，'当您从桌子上拿起这张纸时，您所付出的能量，要比全世界现有的全部射电望远镜在射电天文学的全部历史中所接收到的能量还大'。"这句话里讲的是脉冲星发射的电波，而实际上引力波还要弱得多，韦伯的装置要求可以探测到更微弱的信号。这就是当信号作用到铝柱时，只要使铝柱发生一亿亿分之一（10^{-12}）米的变化，压电材料就需要"感觉"出来。由此可见韦伯的实验该有多难啊！

韦伯制作了两根这样的铝柱，他把一根放置在马里兰大学高尔夫球场的地下室，一根放置在芝加哥的国家实验室。两根铝柱相距1000千米。为什么要相距如此之远呢？

这是因为当引力波被两根铝柱接收时，由于它们几乎是同时到达地球，所以两处的信号是同时的。而假如地球上有某一干扰信号，由于两柱相距很远，两根铝柱接收到的信号就不会是同时的。这样就可以将地球上的干扰信号"筛去"，只剩下同时的相同信号。然而，铝柱不仅对引力波会产生感应，它对许多电磁信号也能感应到，因而，仍需再做进一步的鉴别工作以确认它是不是引力波了。

功夫不负有心人。到了1969年，韦伯声称，他们已经发现了来自银河系中心的引力波。这的确是一个振奋人心的消息，人们甚至把韦伯同当年验证电磁波的赫兹相比。

消息一传开，人们立刻就着手探测引力波，并掀起了一股"引力波热"。不过结果是非常遗憾的，所有的探测工作都未能重复地接收到韦伯接收到的信号，韦伯的验证工作也就未能得到科学界的认可。

韦伯和他的引力波实验装置

许多人认为，现有的设备不足以探测到引力波。10年后，新一代的引力波探测器性能提高了上亿倍，人们还是未能发现韦伯接收到的信号。此后，人们还提出了一些新的探测技术，但由于花费太高，技术也很复杂，人们还未将这种新技术应用于实际。

虽然也有人试图否定引力波的存在，但多数人还是相信引力波是存在的，他们不断改进探测技术，提出不同的方法来检测引力波。

山重水复疑无路，柳暗花明又一村。1974年，美国科学家泰勒和哈尔斯利用阿雷西博的直径300米的射电望远镜，发现有两颗中子星相互绕转，其中一颗辐射脉冲（所以也叫脉冲星）中子星的质量比太阳要大一些，但直径不超过10千米。这是一对双星。什么叫双星呢？恒星系统通常分为两种，一种像我们太阳系这样的恒星–行星系统；另一种是两颗恒星组成的双星系统。双星系统是两颗恒星绕一个公共重心旋转。

这一对双星相互环绕的公转周期约8小时，人们可以接收到脉冲星辐射的脉冲，科学家们对此还进行了精确的测定。经过4年的初步测定，科学家们发现这对中子星的公转周期是不断变小的。经过比较，他们发现这种缩短与广义相对论的引力波理论计算非常吻合。这不仅非常精确地验证了关于引力波的假设，而且也成了广义相对论的一个新的验证。由于泰勒和哈尔斯利用脉冲星系统的辐射验证了引力波的存在，他们共同获得了1993年的诺贝尔物理学奖。

当然，泰勒等人的测量还不是直接测量引力波，原因很简单，引力波太弱了。怎样确定这个双星系统是在辐射引力波呢？由于双星不断辐射脉冲，它们的能量不断消耗，使公转周期越来越短。也就是说，脉冲星每转一周所用的时间越来越少，它们的距离也越来越近。这样的过程可经历3亿年左右。

科学家们预言，到双星合并前3年时，它们的公转周期要缩短到3秒钟，即每转一周需要3秒钟。这时两颗星的距离只有1000千米，相互绕行的速度每秒要超过1000千米。看，它们的运行速度有多快啊！

双星合并之前1分钟时，相距就更近了，每秒钟就可以绕转15圈；合并前只有几个毫秒（即千分之几秒）时，每秒可相互绕转几百圈。

它们旋转得越快，辐射的引力波就越强。这时辐射的引力波还会夹杂着像耗子一样的叫声："吱吱、吱吱吱、吱吱……"到它们相互绕转每秒500周时，它们之间的距离只有30千米，运动速度可达每秒5万千米，相当于光速的1／6。这时辐射的引力波非常强大，相当于10万个星系发出的光。除了引力波，这一对中子星还会给我们带来许多有用的信息。特别是如果它们合并为一颗星时，它们的质量就会超过中子星与黑洞的质量界限，它们应该变成一个黑洞，并使我们观察到黑洞形成的全部过程，进而对黑洞有更深的认识。

当然，这是极为遥远的事。当前要测量引力波还要另想办法。现在，科学家们又想出了一个"旧"办法，这就是前面提到的光线弯曲实验。

科学家们在太空放置一个"巨大"的三角形，它的三条边由光线组成。这就是著名的"莉萨"（LISA）计划。"莉萨"计划是这样的，大约要到2010年发射3颗卫星，利用这3颗卫星发射的激光束组成一个边长为500万千米的三角形。当宇宙中一些天体辐射强大的引力波时，这些引力波就会使三角形的边发生变形。借此我们可以严格地检测广义相对论引力理论，并且发展新的理论。

● "下落不明"的暗物质

　　宇宙的一个最基本的性质就是它的物质性。这些物质就是我们人眼直接或借助望远镜看到的天体、星云和射线等。然而，我们要问，宇宙的物质有多少呢？或者说，宇宙的质量是多大呢？

　　20世纪30年代，瑞士天文学家兹维基测量了星系团的质量，发现用两种方法测量的结果很不一致，看到的物质与看不到的物质相差约400倍。兹维基把看不到的物质叫作"下落不明"的物质。后来有人称作"隐匿物质""短缺物质""失踪物质""不可视物质"，现在叫得更多的是"暗物质"。

　　尽管开始时有人怀疑暗物质的存在，但到了20世纪70年代，人们还是基本上确定了这种暗物质的存在。现在的研究表明，宇宙中的可见物质很少，大部分是暗物质，暗物质约占宇宙物质的90%左右。

　　暗物质真的是黑暗一团吗？最初，科学家们认为，星系周围有一种类似太阳周围的日冕一样的包层。就日冕来说，它是由一些粒子组成的，这些粒子在日冕不断膨胀时被抛向高空，并高速运动，当它们到达地球时的速度仍达450千米/秒。这样的包层对太阳光是有一定影响的。星系也有许多这样的包层，人们称之为"星系冕"。星系冕也会影响星系自身发光，并且影响到光线穿越这种星系冕层。不过人们很快就否定了这种看法。

太阳黑子活动极大期

太阳黑子活动极小期

日冕

还有人认为，星际中的尘埃、气体挡住了光线，但观测表明，星系中的气体至多只占星系质量的10%。可见，气体与尘埃对暗物质质量的贡献是很少的。

我们知道，在星系中有许多不发光的行星和彗星，以及一些光很弱或不发光的恒星，如中子星、黑洞等。现在的观测表明，作为恒星归宿的中子星和黑洞是很少的。像彗星和行星这些小质量星体可能会在碰撞中被"蒸发"到外太空，但这种质量也是很小的，只占到一部分，很难想象这些天体质量会比星系本身大到10倍以上。

20世纪30年代，奥地利科学家泡利为了解决粒子物理学中能量是否守恒的问题，他提出了存在一种新粒子——中微子。他认为中微子很小，小到像光子一样无静止质量，并且也是不带电的。中微子的性格"清高"得很，几乎不与物质发生作用，终日在宇宙游荡，而且谁也无法约束它。几百个地球摆在一起，中微子穿过去也是易如反掌。宇宙似乎就是一个中微子的海洋。近年来，科学家们的研究发现，中微子并不是静止质量为零。这个结果使得我们估计的中微子总质量有了极大的提高。看样子中微子是暗物质的一个很好成分，也是解决暗物质问题的一个重要手段。

前面已谈到，黑洞是巨大的死星。但由于宇宙只有100多亿岁，而一颗恒星从生到死也要100多亿年，所以宇宙中黑洞并不多。但是新的研究发现，在宇宙初期，也会形成一些黑洞，它们被称作"原始黑洞"。原始黑洞的质量不小，并且也可以承担一部分暗物质的角色。遗憾的是，科学家们一直未能观察到这种原始黑洞，他们还难以估计原始黑洞的质量有多大。

科学家们还预言了一种磁粒子（磁单极子）的存在。我们知道，一个条形磁铁有两个磁极：南极和北极。当我们切断一个条形磁铁时，这两个磁极总存在于剩余的一部分中。而磁单极子却是一种只有一个极的粒子，它的质量很大，约

挡不住的中微子

为质子的10^{16}倍。不过像原始黑洞一样，人们在实验中还从未发现过磁单极子。

可见，暗物质的质量承担者主要是中微子和原始黑洞，对于它们的研究进展一直是暗物质研究者所关注的。

● 科学与美

我们在一些书中或文章中，总是可以看到这样一些话：一个民族要是不珍视训练有素的人才，它就要被淘汰。也有的说：衡量一个国家财富的标准，不只是矿藏量和生产量，更重要的是那些善于进行科学创造的人才量。

然而，进行科学创造性研究需要什么样的素质呢？简单地讲，是好奇、怀疑，以及对美的感受能力。

在伽利略的时代，人们就注意到自由落体的下落速度都一样，但对此没有什么好奇的。对平常人来说，这是司空见惯的事情；对于科学家来说，物体的惯性与质量成正比，而惯性又将引力的效应抵消了，所以，所有的物体都以同样的速度下落。可是惯性与引力之间的关系真的是这样简单吗？爱因斯坦正是从这些问题出发，建立了新的引力理论。新的理论有更加神奇和美妙之处，这也是科学家们探求未知的动机所在。

科学实践表明，美的东西往往也是真的，因为科学真理所体现的是宇宙各种事物的美妙和事物间的和谐。在20世纪物理学的发展中，除了外在美之外，科学家们更深入事物的内部，寻找起逻辑结构上的美，寻求描绘宇宙图景的对称性和统一性。

在古代，人们建造于希腊雅典卫城的巴台农神庙就体现出一种结构上的对称美。这种美超越了时代，形成了一种永恒的东西。此外，我们欣赏雕塑和音乐也常常体会出美的韵律，像维纳斯神像、贝多芬的小提琴协奏曲……翻译家严复提出"信、达、雅"的翻译原则，也将"雅致"放在了重要的地位。

同艺术创作一样，科学创造也非常注重对美的探求。正如法国数学家和物理学家彭加勒所说："假如大自然不是这样美好，也就不值得去了解她，生活中也就不值得为她而激动。我这里说的，当然不是那种展现在眼前的外观美，我指的是意义更为深刻的美，这种美只有在理智才能了解的和谐协调中呈现出来。就是她创造了土地，创造了能够激励我们感情的闪耀着绚丽色彩的大地，而且，如果缺乏深邃的内涵的美，一掠而过的美是不完善的，就像所有模糊的短暂的印象一样。相反，聪明才智的美本身就给人以满足。"这就是说，物理学的理论结构要与我们周围世界保持一致。而要充分地和全面地揭示事物的内在美，数学是不可或缺的工具。物理学理论不能用一些数学来表示物理量值，否则物理思想就只是深刻，而不够明确。

关于美与真的关系，爱因斯坦认为，美的理论不一定是真的，但真的理论一定是美的。爱因斯坦学习物理学的过程，毫不例外地将美作为一个适宜的尺度去衡量所学习的内容。到19世纪末，牛顿力学和麦克斯韦电磁理论是物理学发展的两次大综合的产物，这些理论包括对力学现象和电磁现象的美妙的研究与说明，物理学家都为之倾倒，爱因斯坦也是如此。但是，爱因斯坦对于其中一些不够完美的东西是不能容忍的，而这也正是他提出狭义相对论的起点。

此外，事物的美具有一种奇妙的性质，这就是简单性。爱因斯坦认为，在一个理论体系中，彼此独立的假设或公理应最少。

我们可以发现，狭义相对论只有两条公理。这些公理与欧几里得几何中的公理是不一样的。数学上的公理力图回避它的可检验性，而物理上的公理则直接联系它的实验基础。爱因斯坦认为，依据新的公理建立的狭义相对论比过去的力学美妙得多。不仅如此，新理论还揭示出一些新的美妙，把过去人们认为互不相关的事物或概念联系了起来。

当然，狭义相对论还不是十全十美的，尽管狭义相对论比过去的理论美。在引力问题的研究上，狭义相对论仍是不完善的、不够美的。为此，爱因斯坦就去挖掘更深的、更美的东西。同样，这也是广义相对论研究的出发点。

广义相对论的美比狭义相对论要完备得多。在这种美中，数学美的意义为爱因斯坦所重视。而数学美也的确是逻辑上简单性的最好承担者。广义相对论的确是爱因斯坦所创造出的具有科学美的"珍品"，但理论上的发展仍未有穷尽，这就是关于电磁场与引力场仍未统一起来。一般人认为，因为引力结构与电磁结构是完全不同的，所以谈不上统一。但爱因斯坦却不这样看，为此，他进行了更加漫长的探求。遗憾的是，他选择的路径是有问题的，至今人们仍未能达到这种"终极"。看样子，大自然是不肯轻易展示出它的"美"的。

另外，我们也知道，广义相对论远不是科学理论的"终极"。从广义相对论问世以来就得到包括爱因斯坦在内的科学家们的发展，甚至要取代相对论的也大有人在。我们本不应在相对论前止步，应该有更真和更美的理论，以取代相对论，就像相对论取代牛顿力学和麦克斯韦电磁理论一样。

在20世纪30年代，英国著名文学家肖伯纳曾说过：古希腊天文学家托勒密创立的地心说，在天文学界占统治地位达2000年；英国物理学家牛顿创立的引力理论，200年后受到质疑；爱因斯坦发表的相对论学说，究竟能维持多久则不得而知。肖伯纳的说法是不错的，几十年来，一直有人提出新理论，以与相对论竞争。甚至也有人提出更严格的验证。比如，美国航空航天局计划2002年发射引力探测器。这个探测器绕地球飞行，以检验广义相对论的正确性。

我们相信，物理学的发展仍未有穷尽。"江山代有才人出"，新的、更美的理论将会被未来的物理学家建立起来。